Martin F. Schumann

Aus der Reihe: e-fellows.net stipendiaten-wissen

e-fellows.net (Hrsg.)

Band 655

Lokalisierung von Nanopartikeln in Zellen mittels Rastertransmissionselektronenmikroskopie bei niedriger Elektronenenergie

Localization of Nanoparticles in Cells using Low Energy Scanning Transmission Electron Microscopy

GRIN Verlag

Bibliografische Information der Deutschen Nationalbibliothek:

Die Deutsche Bibliothek verzeichnet diese Publikation in der Deutschen Nationalbibliografie; detaillierte bibliografische Daten sind im Internet über http://dnb.d-nb.de/ abrufbar.

Impressum:

Druck und Bindung: Books on Demand GmbH, Norderstedt Germany
ISBN: 978-3-656-38254-6

Dieses Buch bei GRIN:

http://www.grin.com/de/e-book/210423/lokalisierung-von-nanopartikeln-in-zellen-mittels-rastertransmissionselektronenmikroskopie

Karlsruher Institut für Technologie (KIT)

Laboratorium für Elektronenmikroskopie

BACHELOR-ARBEIT IM FACH PHYSIK

Lokalisierung von Nanopartikeln in Zellen mittels Rastertransmissionselektronenmikroskopie bei niedriger Elektronenenergie

Localization of Nanoparticles in Cells using Low Energy Scanning Transmission Electron Microscopy

vorgelegt von

Martin F. Schumann

am

22. Juli 2011

Inhaltsverzeichnis

1. Einleitung

Nanopartikel, das sind Partikel mit einer Größe unter 100 nm, begegnen den meisten Menschen regelmäßig in ihrem Alltag - sei es in Form von Sonnencrèmes, die Titanoxid-Partikel enthalten und so das Sonnenlicht reflektieren, Wäsche, die durch nano-Silber antibakteriell wirkt oder Kaffeepulver, das durch die Zugabe von Siliziumdioxid-Partikeln besser rieselt. Mittlerweile enthalten mehrere hundert Produkte auf dem europäischen Markt Nanopartikel, von denen ein Großteil Kosmetikprodukte und Textilien sind [11], also gerade solche Produkte, die besonders eng mit dem Konsumenten in Berührung kommen. Es ist also davon auszugehen, dass Menschen die in derartigen Produkten enthaltenen Nanopartikel in ihren Körper aufnehmen. Was dort aber mit diesen passiert, ist weitgehend ungeklärt. Fest steht lediglich, dass die Reaktionsfreudigkeit von sehr kleinen Partikeln gegenüber größeren deutlich erhöht ist, da das Oberfläche-zu-Volumen-Verhältnis größer ist [17]. Die Auswirkungen von Nanopartikeln auf den menschlichen Organismus und die Umwelt sollten also ausführlich untersucht werden.

Um die Effekte, die die Aufnahme von Nanopartikeln in einen Organismus verursacht, verstehen zu können, ist es allerdings notwendig, zunächst die Reaktion einzelner Zellen auf Nanopartikel-Exposition zu beobachten. So wurden verschiedene häufig verwendete Nanopartikel und ihr Einfluss auf Leberzellen von Ratten von Hussain et al. untersucht. Diese Autoren stellten fest, dass Silberpartikel schon in geringer Dosierung für die Tierzelle toxisch sind, während andere Partikel wie Aluminium oder Wolfram sich erst in höheren Konzentrationen schädlich auswirken [16].

Ein weiterer Schritt in Richtung des vollständigen Verständnisses des Aufnahmeprozesses und der Schädlichkeit von Nanopartikeln in Zellen ist die Abbildung und Lokalisierung der Partikel in der Zelle. Es wurde gezeigt, dass die Niederenergie-Rastertransmissionselektronenmikroskopie sich hierfür besonders eignet [14]. Auch Bleimund hat im Rahmen seiner Diplomarbeit mit dieser Technik Nanopartikel in Zellen abgebildet. Hierbei hat er Dünnschnitte von Zellen, die auf einer Membran gewachsen waren und in dem Epoxidharz Epon eingebettet waren, untersucht. Er kam ebenso wie Hondow et al. [14] zu dem Schluss, dass diese Methode tatsächlich dazu geeignet ist, die Ultrastruktur der Zelle ebenso wie einzelne Nanopartikel aufzulösen [3].

In dieser Arbeit sollen unter Verwendung von Rastertransmissionselektronenmikroskopie bei niedrigen Beschleunigungsspannungen Nanopartikel in Zellen abgebildet werden. Im Gegensatz zu den Arbeiten von Hondow et al. [14] und Bleimund soll aber die Abbildung nicht nur rein elektronenmikroskopisch erfolgen, sondern es sollten darüber hinaus Versuche in Richtung korrelativer Licht- und Elektronenmikroskopie[1] durchgeführt werden. Auf diese Weise sollten die Vorteile von Elektronen- und Fluoreszenzmikroskopie vereint werden. Während man im Elektronenmikroskop nämlich nur statische Objekte, also insbesondere keine lebenden Zellen, abbilden kann, ist es mit dem Fluoreszenzmikroskop auch möglich, die Dynamik des Aufnahmeprozesses von Nanopartikeln abzubilden. Im Gegenzug ist im Elektronenmikroskop die gesamte Ultrastruktur der Zelle hochaufgelöst sichtbar. Mit dem Fluoreszenzmikroskop können hingegen nur mit Fluoreszenzfarbstoffen markierte Strukturen in der Zelle abgebildet werden. Darüber hinaus ist die räumliche Auflösung des Lichtmikroskops wesentlich schlechter.

[1] correlative light electron microscopy, CLEM

Die Zellpräparation und die lichtmikroskopische Abbildung von Nanopartikeln und Zellen wurden in der Arbeitsgruppe von Prof. Ulrich Nienhaus[2] durchgeführt (vgl. die Bachelor-Arbeit von Adams [1]).

[2]Institut für Angewandte Physik und Center for Functional Nanostructures (CFN) am Karlsruher Institut für Technologie (KIT)

2. Grundlagen

2.1. Aufbau einer Zelle

Hier soll zunächst der Aufbau einer eukaryotischen Tierzelle beschrieben werden, der in Abbildung 2.1.1 schematisch dargestellt ist. Eine solche Zelle besteht aus mehreren Organellen, die spezifische Funktionen erfüllen.

Die Darstellung in diesem Abschnitt lehnt sich im Wesentlichen an die Ausführungen von Graw [10] und Goodsell [9] an.

Eines dieser Organellen ist der Zellkern, der zugleich als Unterscheidungsmerkmal zwischen Eukaryoten (z. B. Pflanzen, Tiere) und Prokaryoten (z. B. Bakterien) dient. Während nämlich Euzyten[1] einen Zellkern besitzen, der durch eine Kernmembran[2] vom Zytoplasma getrennt ist und den Großteil des Erbguts in Form von Chromosomen enthält, fehlt den Prozyten ein solcher. Durch Poren in der Kernmembran ist ein Stofftransport zwischen Kerninnerem und Zytoplasma möglich. Der Nukleolus, eine rundliche Struktur innerhalb des Zellkerns, enthält DNS[3], in der die Baupläne der ribosomalen RNS[4] gespeichert sind. Der Durchmesser des Zellkerns liegt bei Säugetieren um 6 µm.

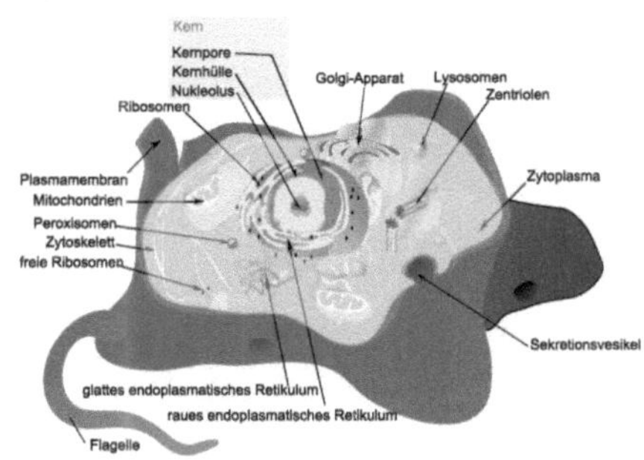

Abbildung 2.1.1: *Schematischer Aufbau einer tierischen Zelle (modifiziert von [22])*

Um den Zellkern herum erstreckt sich das endoplasmatische Retikulum (ER), ein stark verzweigtes Kanalsystem, das von Membranen begrenzt wird und als schnelles Transportsystem dient. Während das raue ER mit Ribosomen besetzt ist, die für die Synthese von Proteinen zuständig sind, ist das glatte ER ribosomfrei und spielt eine wichtige Rolle bei der Synthese von Hormonen, Lipiden und Fettsäuren. Außerdem trägt das glatte ER zur Speicherung von Kohlenhydraten und Calcium sowie zur Beseitigung von Giften aus der Zelle bei.

Die im rauen ER erzeugten Proteine werden im Golgi-Apparat, einem durch Membranen abgegrenzten Reaktionsraum, modifiziert und zu ihrem Bestimmungsort gebracht. Diese Abgrenzung vom Zytoplasma ist nötig, da bei der Modifikation der Proteine Stoffe freigesetzt werden, die die Zelle schädigen können.

Weitere Organellen sind die Mitochondrien, die ebenfalls nur in Euzyten vorhanden und durch eine Doppelmembran vom Rest der Zelle abgetrennt sind. Auch sie enthalten Erbgut und

[1] Euzyten sind die Zellen eines Eukaryoten.
[2] Die Kernembran ist eine Doppelmembran, bestehend aus zwei Doppellipidschichten.
[3] Die Desoxyribonukleinsäuren werden in Zellen zur Langzeitspeicherung von Informationen verwendet.
[4] Die Ribonukleinsäuren dienen dem Informationstransport innerhalb von Zellen.

können sich selbstständig vermehren. In den Mitochondrien erfolgt die Verbrennung von Nährstoffen, wodurch Energie frei wird, die in Form von ATP[5] gespeichert wird.

Des Weiteren finden sich in einer tierischen Zelle Zentriolen, die bei der Mitose[6] zur Ausbildung des Spindelapparats beitragen sowie Peroxisomen und Lysosomen, die mit Hilfe von Enzymen in die Zelle aufgenommene Fremd- und Giftstoffe abbauen. Außerdem enthält eine Zelle Vesikel[7], die sehr unterschiedlichen Zwecken dienen können und ein Zytoskelett, das die gesamte Zelle durchzieht und so für Elastizität und mechanische Stabilität sorgt. Gegenüber der Umwelt wird das Zytoplasma von der Zellmembran abgegrenzt.

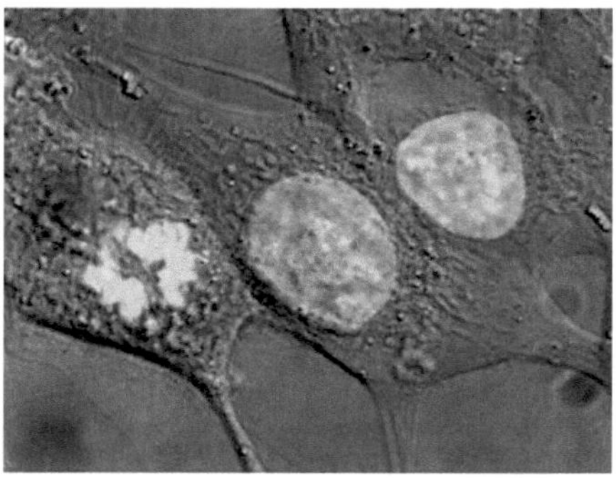

Abbildung 2.1.2: *HeLa-Zellen, mit DNA-Färber Hoechst 33258 versehen [24]*

Für die Versuche, die im Rahmen dieser Arbeit durchgeführt wurden, sind Zellen der Linien HeLa und SW-13 zum Einsatz gekommen. Bei beiden Typen handelt es sich um menschliche Krebszellen, die sich hervorragend kultivieren lassen und deswegen schon seit vielen Jahren eingesetzt werden. Exemplarisch zu sehen ist eine lichtmikroskopische Aufnahme von HeLa-Zellen (Abbildung 2.1.2), die mit dem DNA-Farbstoff Hoechst 33258 versehen wurden. Dieser bewirkt die blaue Färbung von DNA und damit in erster Linie des Zellkerns.

2.2. Streuung von Elektronen an Materie

Die theoretische Grundlage für die Abbildung mit Hilfe von Elektronen ist offenbar das Verhalten, das Elektronen bei der Wechselwirkung mit Materie zeigen. Solche Streuprozesse können durch die Angabe eines differentiellen Wirkungsquerschnitts beschrieben werden. Wie bei mechanischen Stößen kann auch die Streuung von Elektronen elastisch und inelastisch erfolgen.

2.2.1. Elastische Streuung

Wird ein Elektronenstrahl an einem Atom mit der Kernladung $+Ze$ elastisch gestreut, so wird dieser durch die Coulombkraft um den Streuwinkel ϑ abgelenkt. Das anfänglich parallele Strahlenbündel, das vor der Streuung eine Fläche $d\sigma$ passiert, erhält bei der Streuung einen Öffnungswinkel $d\Omega$, wie in Abbildung 2.2.1 zu erkennen ist.

Das Verhältnis von passierter Fläche und Öffnungswinkel wird *differentieller Wirkungsquerschnitt* genannt. Er ist ein Maß für die Wahrscheinlichkeit, dass ein Elektron in einen Winkel ϑ gestreut wird. Ein erstes theoretisches Ergebnis für den Wert dieser Größe lieferte Rutherford [19]:

$$\frac{d\sigma_R}{d\Omega} = \frac{e^4 Z^2}{64\pi^2\varepsilon_0^2 m^2 v^4} \frac{1}{\sin^4\left(\frac{\vartheta}{2}\right)}$$

[5]Adenosintriphosphat ist ein chemischer Energieträger, der die Energie für in Zellen ablaufenden Prozesse liefert.
[6]Die Mitose ist die Zellkernteilung bei Eukaryoten.
[7]Vesikel sind etwa $1\mu m$ große, rundliche Bläschen im Cytoplasma.

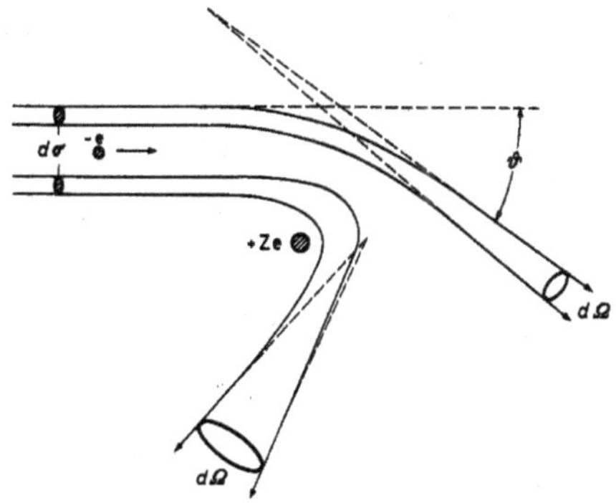

Abbildung 2.2.1: *Ablenkung des Elektronenstrahls durch den Atomkern [20]*

Hierbei ist m die Masse, Z die Kernladungszahl, ϑ der Streuwinkel und v die Geschwindigkeit der Elektronen. Offensichtlich divergiert der Wert von $\frac{d\sigma_R}{d\Omega}$ für $\vartheta \to 0$. Anschaulich liegt das an der fehlenden Berücksichtigung der Abschirmwirkung der Hüllenelektronen des Atoms bei der klassischen Herleitung des Rutherford-Streuquerschnitts. Dieses Problem lässt sich allerdings durch eine quantenmechanische Betrachtung und Lösung der Schrödinger-Gleichung beheben.

Nimmt man für das abgeschirmte Atom ein Wentzel-Potential gemäß

$$V(r) = -\frac{e^2 Z}{4\pi\varepsilon_0 r} e^{-\frac{r}{R}}$$

mit der Abschirmlänge R an, so ergibt sich der abgeschirmte Rutherford-Streuquerschnitt [19]:

$$\frac{d\sigma_{R,a}}{d\Omega} = \frac{e^4 Z^2}{64\pi^2\varepsilon_0^2 m^2 v^4} \frac{1}{\left(\sin^2\left(\frac{\vartheta}{2}\right) + \sin^2\left(\frac{\vartheta_0}{2}\right)\right)^2}$$

Hierbei wurde der *charakteristische Winkel* ϑ_0 eingeführt, der sich aus der Abschirmlänge R des Kerns und der de-Broglie-Wellenlänge λ der Elektronen ergibt:

$$\sin\left(\frac{\vartheta_0}{2}\right) \approx \frac{\lambda}{4\pi R}$$

Die Abschirmlänge R wiederum berechnet sich aus dem Bohrschen Radius $a_0 = \frac{h^2\varepsilon_0}{\pi m_0 e^2} \approx$ 0,053nm und der Kernladungszahl Z gemäß

$$R = a_0 Z^{-\frac{1}{3}}$$

Für große Streuwinkel ist auch die abgeschirmte Rutherford-Formel nicht mehr anwendbar, da dann der Elektronenspin berücksichtigt werden muss [20]. Dies leistet der Mott-Streuquerschnitt, der sich aus der Lösung der Dirac-Gleichung ergibt. Die exakte Lösung lässt sich als unendliche Reihe von Legendre-Polynomen ausdrücken [19].

2.2.2. Inelastische Streuung

Durch verschiedene Wechselwirkungen der Elektronen mit den Targetatomen können Energieverluste ΔE bei der Streuung auftreten. Die Ursachen sind nach Reimer und Pfefferkorn [20] im Wesentlichen

- Plasmonenanregung: Leitungs- oder Valenzelektronen können zu longitudinalen Schwingungen angeregt werden.
- Anregung innerer Elektronen: Elektronen auf inneren Schalen (K, L, M) können aus ihrer Schale auf eine energetisch höher liegende Schale angeregt oder vollständig ausgeschlagen werden. Im Falle der Ionisation ist der Energieverlust $\Delta E = E_\mathrm{I} + E_\mathrm{kin}$ mit der Ionisationsenergie E_I und der kinetischen Energie E_kin des ausgeschlagenen Elektrons.
- Interbandübergänge: Elektronen auf äußeren Schalen können in energetisch höher liegende Zustände angeregt werden, sofern diese unbesetzt sind. Der Energieverlust liegt hier im Bereich von $\Delta E = 3...50\mathrm{eV}$

Da bei der inelastischen Streuung nicht nur die Energie, sondern auch der Impuls der Elektronen verändert wird, ist eine Ablenkung des Elektronenstrahls zu erwarten. Da der differentielle Wirkungsquerschnitt jedoch schnell mit dem Winkel abfällt, tritt die inelastische Streuung vorwiegend bei kleineren Winkeln auf als die elastische Streuung [20].

Die exakte Berechnung des inelastischen differentiellen Wirkungsquerschnitts gestaltet sich schwieriger als im elastischen Fall. Aus diesem Grund führte H. Bethe [2] eine Näherung ein, die die Energieabgabe der Elektronen während der inelastischen Streuung zu einem kontinuierlichen Energieverlust $\mathrm{d}E$ pro Massendickenelement $\mathrm{d}x = \varrho \mathrm{d}s$ (Dichte ϱ, zurückgelegtes Wegelement $\mathrm{d}s$) vereinfacht. Für den mittleren Energieverlust pro Massendicke folgt dann

$$\left|\frac{\mathrm{d}E}{\mathrm{d}x}\right| = \frac{N_\mathrm{A} e^4 Z}{4\pi\varepsilon_0^2 A m_0 v^2} \ln\left(\frac{m_0 v^2}{2I}\right)$$

mit der Avogadro-Zahl N_A, der Massenzahl A des Targetatoms und dem mittleren Ionisationspotential I, für das näherungsweise gilt [20]:

$$\frac{I}{\mathrm{eV}} \approx 11{,}5 \cdot Z$$

2.2.3. Mehrfachstreuung

Da eine reale Probe, die mit dem STEM[8] betrachtet wird, aus einigen hundert Atomlagen bestehen kann, ist es sehr wahrscheinlich, dass Elektronen, die die Probe passieren, nicht nur einmal, sondern mehrfach ($\lesssim$25) oder vielfach ($\gtrsim$ 25) gestreut werden. Um dieses Verhalten zu beschreiben, wird häufig die mittlere freie Weglänge Λ angegeben. Sie spiegelt die Distanz wider, die die Elektronen im Mittel zwischen zwei Stößen zurücklegen und berechnet sich aus dem totalen Wirkungsquerschnitt σ_tot mittels

$$\Lambda = \frac{1}{\sigma_\mathrm{tot}} = \frac{1}{\sigma_\mathrm{el} + \sigma_\mathrm{inel}}$$

wobei $\sigma_\mathrm{(in)el}$ der (in)elastische Wirkungsquerschnitt ist.

2.2.4. Streuwinkelverteilung

Besitzt der einfallende Elektronenstrahl eine Intensität I_0 und wird unter dem Streuwinkel ϑ von einem Detektor, der den Raumwinkel $\mathrm{d}\Omega$ abdeckt, die Intensität $I(\vartheta)$ gemessen, so kann man die Winkelverteilung

$$N(\vartheta)\,\mathrm{d}\Omega = \frac{\mathrm{d}\Omega}{I_0} I(\vartheta)$$

[8] Scanning Transmission Electron Microscope, Rastertransmissionselektronenmikroskop

angeben. Für ihre Berechnung muss man auf Näherungen zurückgreifen, da die exakte Beschreibung von Mehrfach- und Vielfachstreuung, sowie insbesondere der Elektronendiffusion, sehr schwierig oder gar unmöglich ist. Eine solche Näherung für die Berechnung der Streuwinkelverteilung bei Vielfachstreuung stammt von W. Bothe. Er ging davon aus, dass die Energie der Elektronen sich nur geringfügig ändert und beschränkte sich außerdem auf kleine Streuwinkel. Auf diese Weise lässt sich eine Streuwinkelverteilung herleiten, die einer zweidimensionalen Gaußverteilung entspricht [19]:

$$N(\vartheta)\,\mathrm{d}\Omega = \frac{1}{\pi\overline{\vartheta^2}}\exp\left(-\frac{\vartheta^2}{\overline{\vartheta^2}}\right)$$

wobei der mittlere quadratische Streuwinkel $\overline{\vartheta^2}$ in rad^2 durch

$$\frac{\overline{\vartheta^2}}{\mathrm{rad}^2} \approx 1{,}2 \cdot 10^7 \frac{xZ^{\frac{3}{2}}}{AE} \cdot \frac{\mathrm{eVcm}^2}{\mathrm{g}}$$

abgeschätzt werden kann. x ist hierbei die Massendicke, die der Elektronenstrahl in der Materie mit Massenzahl A und Ordnungszahl Z durchläuft, in $\frac{\mathrm{g}}{\mathrm{cm}^2}$. Für E wird die Elektronenenergie in eV eingesetzt.

2.3. Quantenpunkte

Quantenpunkte sind nanoskalige Strukturen (meist aus Halbleitermaterial), bei denen die Bewegungsfreiheit der Elektronen in allen drei Dimensionen so eingeschränkt ist, dass ihre Zustandsdichte nur noch diskrete Werte annehmen kann. Da die Form und Größe der Quantenpunkte maßgeblich die möglichen Energiewerte beeinflussen, lassen sich insbesondere die optischen Eigenschaften, wie z. B. die Lage von Emissionslinien, an die Anforderungen des jeweiligen Experiments individuell anpassen. Hierdurch eignen sich Quantenpunkte besonders für CLEM, da sie - im Gegensatz zu gebräuchlichen Nanopartikeln wie Gold oder Siliziumdioxid - sowohl im Emissionsmodus des Fluoreszenzmikroskops als auch mit STEM[9] sichtbar sind. Die Sichtbarkeit in HAADF-STEM-Bildern[10] beruht dabei auf der hohen mittleren Ordnungszahl der Quantenpunkte gegenüber dem umgebenden Material.

In dieser Arbeit wurden CdSe-ZnS-Quantenpunkte verwendet, die von der Arbeitsgruppe um Prof. Ulrich Nienhaus[11] hergestellt wurden. Sie sind kugelrund und bestehen aus einem Kern aus CdSe mit einem Durchmesser von 4-6 nm, der von einer ZnS-Hülle mit einem Durchmesser von 2,4 nm umgeben ist. Das spektrale Emissionsmaximum der verwendeten Quantenpunkte liegt bei einer Wellenlänge von 585 nm.

[9] Rastertransmissionselektronenmikroskopie, von englisch „Scanning Transmission Electron Microscopy"

[10] Hierbei handelt es sich um Aufnahmen, die mit dem „High Angle Annular Dark Field"-Detektor eines Rastertransmissionselektronenmikroskop gemacht wurden.

[11] Institut für Angewandte Physik und Center for Functional Nanostructures (CFN) am Karlsruher Institut für Technologie (KIT)

3. Experimentelle Methoden

3.1. Elektronenmikroskopie

3.1.1. Funktionsweise eines Rasterelektronenmikroskops

Um die Auflösungsgrenze von konventionellen Lichtmikroskopen, die bekanntlich im Bereich von wenigen hundert Nanometern liegt, zu umgehen, werden schon seit Anfang des letzten Jahrhunderts Elektronenmikroskope benutzt, um kleine Objekte abzubilden. Da die de-Broglie-Wellenlänge von Elektronen mit hoher kinetischer Energie kleiner ist als typische Lichtwellenlängen, haben Elektronenmikroskope ein deutlich höheres Auflösungsvermögen als gewöhnliche Lichtmikroskope.

Im Gegensatz zum Transmissionselektronenmikroskop (TEM), bei dem die Probe flächig vom Elektronenstrahl beleuchtet wird, wird die Probe im Rasterelektronenmikroskop (SEM)[1] mit einem fokussierten Elektronenstrahl Punkt für Punkt abgerastert (vgl. Abbildung 3.1.1). Dazu werden z. B. durch Feldemission freie Elektronen erzeugt und durch eine Hochspannung, die üblicherweise zwischen 5 und 30 kV liegt, beschleunigt. Durch elektromagnetische Linsen wird der Elektronenstrahl gebündelt und auf die Probe fokussiert. Ablenkspulen im Strahlengang übernehmen die Rasterung des Strahls über die Probenoberfläche. Die Primärelektronen[2], die auf die Probe treffen, können auf unterschiedliche Weise mit dem Probenmaterial wechselwirken.

So können in der Probe *Sekundärelektronen* erzeugt werden, die von einem Everhart-Thornley-Detektor erfasst werden können. Ihre Energie liegt im Bereich von einigen Elektronenvolt[3], weshalb die Sekundärelektronen nur aus der unmittelbaren Nähe der Probenoberfläche stammen können. Ein auf diese Weise aufgenommenes Bild zeigt die Topografie des untersuchten Objekts.

Elektronen mit Energien über 50 eV werden *Rückstreuelektronen* genannt. Die Detektion kann mittels eines In-Lens-Detektors[4] erfolgen. Die so erhaltenen Bilder zeigen einen hohen Ordnungszahl- oder Materialkontrast. Da der Wirkungsquerschnitt für die Rückstreuung an Atomen mit steigender Ordnungszahl zunimmt, erscheinen folglich Bereiche auf der Probe mit hoher mittlerer Ordnungszahl heller als Bereiche mit geringerer mittlerer Ordnungszahl.

Das verwendete SEM verfügt außerdem über einen STEM-Detektor (siehe Abschnitt 3.1.2), der Elektronen nachweist, die die Probe passieren, sowie einen EDXS-Detektor[5] (siehe Abschnitt 3.1.3), mit dessen Hilfe Röntgenspektren aufgenommen werden können.

---

[1] von englisch „Scanning Electron Microscope". Verwendet wurde für diese Arbeit das Modell Strata 400 von FEI.

[2] Das sind die Elektronen im Elektronenstrahl zwischen Kathode und Probe.

[3] Die Obergrenze wird üblicherweise auf 50 eV festgelegt.

[4] Dieser wird auch Through-the-Lens-Detektor (TLD) genannt.

[5] von englisch „Energy Dispersive X-Ray Spectroscopy" (energiedispersive Röntgenspektroskopie)

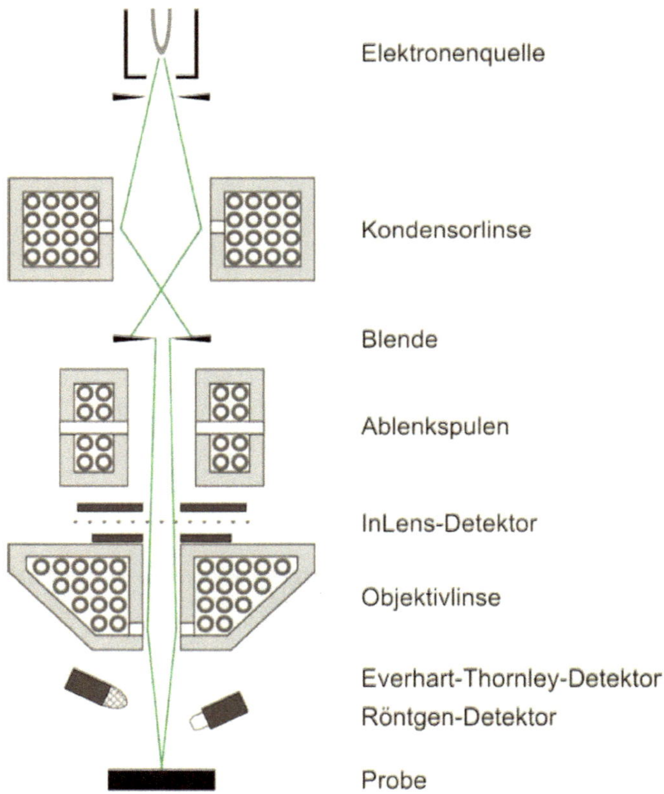

Abbildung 3.1.1: *Schematischer Aufbau eines Rasterelektronenmikroskops [25]*

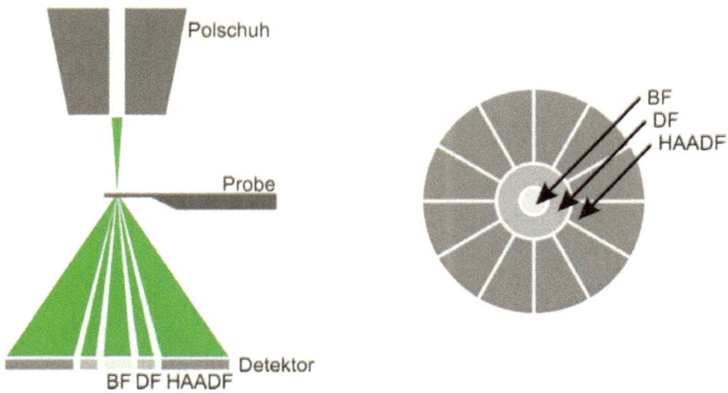

Abbildung 3.1.2: *links: Funktionsweise von STEM im SEM [25]; rechts: Schematische Einteilung des STEM-Detektors [25]*

3.1.2. Rastertransmissionselektronenmikroskopie bei niedrigen Elektronenenergien

Bei der Verwendung des SEM im Rastertransmissionsbetrieb erfolgt die Rasterung der Probe auf gleiche Weise (siehe Abbildung 3.1.2 links). Es werden lediglich nicht Rückstreu- oder Sekundärelektronen detektiert, sondern jene, die die Probe auf der Rückseite wieder verlassen. Aus diesem Grund können in diesem sogenannten STEM-Modus ausschließlich Ultradünnschnitte der Proben betrachtet werden, während im SEM-Betrieb die Oberflächen von massiven Proben abgebildet werden können. Hierdurch ergibt sich aber gleichzeitig der Vorteil, dass beim STEM die Auflösung lediglich durch die Größe der Elektronensonde bestimmt wird, da die Strahlaufweitung in der Probe abhängig von der Probendicke geringer ausfallen kann [20].

Die Elektronen, die den STEM-Detektor[6] erreichen, werden beim Durchgang durch die Probe abgelenkt. Um diese Ablenkung zu klassifizieren, ist der Detektor in drei verschiedene Zonen eingeteilt und liegt konzentrisch zur optischen Achse des Mikroskops. Die Einteilung lässt sich in Abbildung 3.1.2 rechts nachvollziehen. Während der Hellfeld-Detektor [7] also die Elektronen detektiert, die kaum abgelenkt wurden, weist der Dunkelfeld-Detektor [8] die Elektronen nach, die in einen mittleren Raumwinkel gestreut werden.

Besonders interessant ist aber das Signal des HAADF-Detektors[9], der die stark gestreuten Elektronen detektiert. Für die Streuung in diesen Raumwinkelbereich hängt der Wirkungsquerschnitt nämlich stark von der Ordnungszahl des Probenmaterials ab, wodurch in HAADF-Bildern ein hoher Materialkontrast erzielt wird [7]. Für den mittleren quadratischen Streuwinkel $\langle \vartheta^2 \rangle$ der Elektronen beim Durchgang durch einen Probendünnschnitt gilt nach Cosslett und Thomas [6] der Zusammenhang

$$\langle \vartheta^2 \rangle \propto \left(\frac{Z}{E} \right)^{\gamma}$$

[6] Bei der FEI Strata 400 handelt es sich um einen Halbleiterdetektor.

[7] oft auch BF von englisch „Bright Field"

[8] oft auch DF von englisch „Dark Field"

[9] von englisch „High Angle Annular Dark Field" (Großwinkeldunkelfeld)

wobei sich der Exponent in der Theorie von Bothe zu $\gamma = 2$ ergibt. Experimentell wurden je nach verwendetem Material allerdings teils deutliche Abweichungen von $\gamma = 2$ gemessen [6]. An der Proportionalität erkennt man jedenfalls, dass die mittlere Ablenkung der Elektronen bei niedrigen Energien ansteigt, weshalb das HAADF-Signal zunimmt. Außerdem ist der Streuwinkel proportional zu einer positiven Potenz der Ordnungszahl, woher der bereits erwähnte Materialkontrast in HAADF-Aufnahmen stammt. Je höher also die Ordnungszahl des Probenmaterials, desto mehr Elektronen werden in große Winkel gestreut. Die HAADF-STEM-Intensität ist besonders groß, wenn viele Elektronen in den vom HAADF-Detektor abgedeckten Raumwinkelbereich gestreut werden.

3.1.3. Energiedispersive Röntgenspektroskopie (EDXS)

Bei der Kollision von Primärelektronen mit einem Atom kann es passieren, dass die Primärelektronen ihre Energie an Elektronen auf niedrigen Schalen (z. B. K,L,M) abgeben und diese ins Leitungsband anregen. Der freigewordene Platz in der niedrigen Schale wird sodann von einem Elektron aus einer höheren Schale - unter Emission eines Photons - besetzt. Solche Photonen können nur diskrete, für das jeweilige Atom charakteristische Frequenzen aufweisen, denn es ist

$$\Delta E = h\nu$$

mit der Energiedifferenz zwischen den zwei Schalen ΔE und der Photonfrequenz ν[10]. Der Vorgang der Röntgenemission ist in Abbildung 3.1.3 schematisch dargestellt.

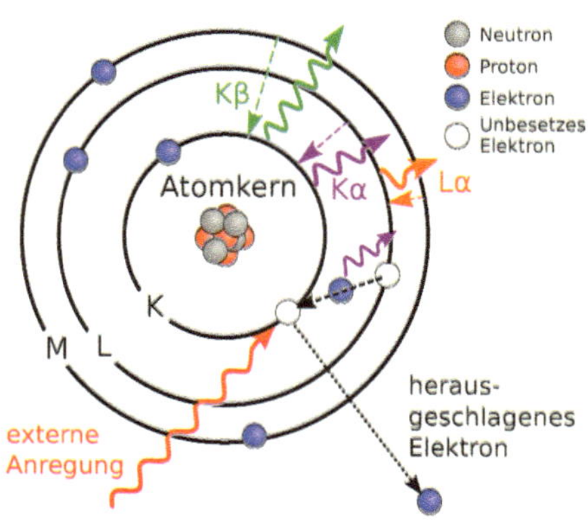

Abbildung 3.1.3: *Schematische Darstellung der Röntgenemission im Atom (modifiziert von [26])*

Die Röntgenemission kann man sich zunutze machen, um die Zusammensetzung einer Probe zu untersuchen. Dazu wird im SEM ein Bereich ausgewählt, der analysiert werden soll, und mit Elektronen bestrahlt. Mit dem EDXS-Detektor im SEM (üblicherweise ein Halbleiterdetektor) werden die Energien der emittierten Röntgenquanten gemessen. Ein Computer trägt die Messwerte in ein Histogramm ein, wodurch ein Röntgenspektrum der Probe entsteht. Die darin enthaltenen Spitzen können dann zur Identifikation von chemischen Elementen, deren charakteristische Energien bekannt sind, herangezogen werden.

[10] Da die diskreten Frequenzen im Bereich der Röntgenstrahlung liegen, spricht man auch von charakteristischen Röntgenquanten.

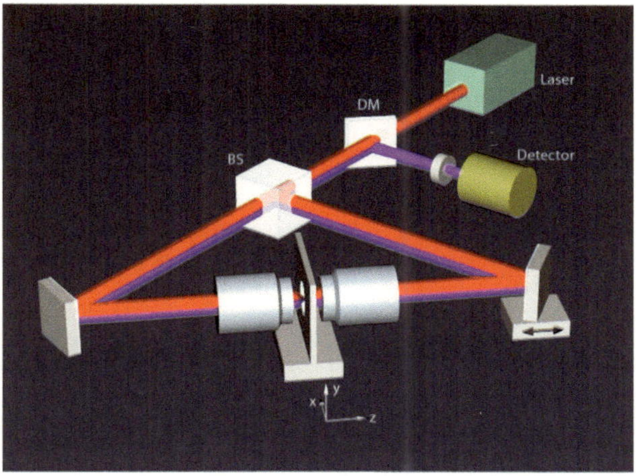

Abbildung 3.2.1: *Strahlengang im konfokalen 4π-Fluoreszenzmikroskop; mit DM ist ein dichroitischer Spiegel, mit BS ein Strahlteiler gekennzeichnet [23]*

3.2. Konfokales 4π-Fluoreszenzmikroskop

Zur korrelativen Untersuchung der Proben wurde auf der lichtmikroskopischen Seite ein konfokales 4π-Fluoreszenzmikroskop eingesetzt, das in Abbildung 3.2.1 schematisch dargestellt ist. Dabei handelt es sich um ein Lichtmikroskop, das auf der Beleuchtung der Probe mit Hilfe eines Laser basiert. Der Laserstrahl passiert zunächst einen dichroitischen Spiegel (DM)[11] und wird anschließend in einem Strahlteiler (BS)[12] entzweit. Anschließend werden die beiden Teilstrahlen auf der Probenoberfläche fokussiert und die Foki ähnlich wie beim STEM über die gesamte Probenoberfläche gerastert. Das durch die Probe generierte Signal geht zunächst den umgekehrten Weg wie der beleuchtende Laserstrahl, wird also im Strahlteiler wieder zusammengeführt. Der dichroitische Spiegel allerdings reflektiert das Signal in Richtung eines Detektors. Bei dem Signal, das von der Probe erzeugt wird, kann es sich entweder um die bloße Reflexion der Laserstrahlen auf der Probenoberfläche handeln - man spricht dann vom Betrieb des Mikroskop im Reflexionsmodus. Ebenso können aber auch die Laserstrahlen die Probe zur Fluoreszenz anregen, falls das Probenmaterial dies erlaubt, sodass das von der Probe emittierte Signal gemessen wird. Dieser sogenannte Fluoreszenzmodus wurde eingesetzt, um die autofluoreszenten Quantenpunkte abzubilden. Da die Beleuchtung der Probe von zwei Seiten erfolgt, spricht man von einem 4π-Mikroskop, da theoretisch mit diesem Aufbau das Signal aus dem vollen Raumwinkel von 4π genutzt werden könnte, wodurch sich die Auflösung in axialer Richtung auf etwa 100 nm verbessert [21].

3.3. Präparation der Proben

Damit Proben mit dem STEM angeschaut werden können, muss der Elektronenstrahl diese durchdringen können. Aus diesem Grund betrachtet man Ultradünnschnitte, die man mit

[11] Ein dichroitischer Spiegel ist ein Spiegel, der nur bestimmte Wellenlängen reflektiert. Die Abkürzung DM leitet sich vom Englischen „dichroic mirror" ab.

[12] vom Englischen „beam splitter"

einem Ultramikrotom[13] anfertigt.

3.3.1. Zellfixierung und Einbettung

Die elektronenmikroskopisch zu betrachtenden Zellen werden zunächst auf eine Aclar-Folie[14] aufgebracht. Damit die Zellen an die Folie anwachsen können, werden die Zellen auf der Folie über Nacht im Inkubator gelagert. Danach werden die Nanopartikel (hier CdSe-ZnS-Quantenpunkte) dazugegeben. Da im STEM Vakuum[15] herrscht, muss das Wasser in den Zellen durch ein Einbettungsmaterial ersetzt werden. Hierfür verwendet man für elektronenmikroskopische Betrachtungen üblicherweise das Epoxidharz Epon. Es hat sich aber gezeigt, dass Epon zu starker Autofluoreszenz unter dem Fluoreszenzmikroskop neigt. Da diese Arbeit auch im Hinblick auf korrelative Licht- und Elektronenmikroskopie durchgeführt wurde, ist statt Epon das Polymer LR White verwendet worden. Da sich das Einbettmaterial aber mit maximal 12% Wasser mischt, werden die Zellen nach der Erstfixierung mittels Glutaraldehyd und Paraformaldehyd und der Zweitfixierung mittels Osmiumtetroxid durch eine Ethanolreihe dehydriert. Danach erfolgt die Einbettung in einer LR-White-Reihe mit steigendem Anteil des Einbettmaterials. Zur Polymerisation des LR White werden die Proben ein bis zwei Tage im Trockenschrank bei 60°C gelagert.

Der genaue Ablauf der Fixierung und Einbettung der Zellen kann Anhang A entnommen werden.

3.3.2. Herstellen der Dünnschnitte

Nach dem Aushärten des Einbettmaterials werden Ultradünnschnitte der Probe angefertigt. Diese sollen Querschnitte durch die Aclar-Folie und damit auch die zu untersuchenden Zellen enthalten. Um solche Schnitte zu erhalten, wird zunächst überschüssiges Einbettmaterial vom LR-White-Block entfernt. Dies erfolgt in einem ersten Schritt grob mit einer Rasierklinge. Danach wird der Block im Ultramikrotom mit Hilfe eines Glasmessers fein getrimmt. Ziel des Trimmens ist es, die Spitze des LR-White-Blocks, die die Probe enthält, auf eine Pyramidenstumpf-Form zu bringen, sodass der Querschnitt der Aclar-Folie in der Frontfläche des Pyramidenstumpfs liegt. Die Frontfläche sollte rechteckig sein und in mindestens einer Dimension die Länge von einem Millimeter nicht überschreiten. Ist dies der Fall, kann mit dem Anfertigen der Schnitte mit Hilfe eines Diamantmessers begonnen werden. Hinter der Schnittkante des Messers befindet sich ein Trog, der mit Wasser gefüllt ist. Die Ultradünnschnitte, deren Dicke für das STEM zwischen 50 und 100 nm liegen sollte, gleiten so direkt vom Block auf die Wasseroberfläche und können von dort eingesammelt und auf Kupfernetzchen (Grids) abgelegt werden.

Wie die Herstellung der Dünnschnitte im Detail erfolgt, kann Anhang B entnommen werden.

[13] Verwendet wurde das EM UC 6 von Leica.

[14] Aclar ist ein eingetragener Markenname der Honeywell-Gruppe. Es handelt sich dabei um ein Polymer bestehend aus Chlortrifluorethen.[15]

[15] Der Druck liegt gewöhnlich in der Größenordnung von 10^{-6} bis 10^{-7}Pa.

4. Experimentelle Ergebnisse

4.1. Nanopartikel in Zellen

Zunächst folgte die Fixierung und Einbettung der zu untersuchenden Zellen dem Protokoll, das in Abschnitt A dargelegt ist. Auf diese Weise konnten Bilder von HeLa-Zellen aufgenommen werden, deren Ultrastruktur gut erhalten war. Durch das verwendete Osmiumtetroxid zur Zweitfixierung der Zellen hatten zudem die Zellmembranen einen deutlichen Kontrast gegenüber dem Einbettmedium (siehe Abbildung 4.1.1a). Allerdings konnten in diesen Zellen keine Quantenpunkte gefunden werden. Weder im Fluoreszenzmikroskop, noch im STEM zeigten sich die erwarteten nanoskaligen Punkte.

Von einem ähnlichen Problem berichteten Giepmans et al. [8]. Sie machten die Verwendung von Osmiumtetroxid verantwortlich für das Erlöschen der Quantenpunkte. Aus diesem Grund haben wir das Standard-Protokoll leicht modifiziert und bei der Präparation auf die Zweitfixierung verzichtet. Erwartungsgemäß führte dies zu fehlendem Membrankontrast auf STEM-HAADF-Aufnahmen von so präparierten HeLa-Zellen, was die Identifikation der Zellorganellen erschwerte. Dennoch waren der Zellkern und leere Vesikel deutlich vom Zytoplasma zu unterscheiden (vgl. Abbildung 4.1.1b). Außerdem enthielten die mit dem STEM abgebildeten Zellen zahlreiche elektronendichte nanoskalige Punkte, die als Agglomerate in ansonsten leeren Vesikeln einen hohen Kontrast zum Hintergrund aufwiesen (siehe Abbildung 4.1.2). Um die Größe der Partikel abzuschätzen, wurde ein einzelner Partikel in der Nähe eines solchen Agglomerats ausgewählt und mit Hilfe des Bildanalyseprogramms ImageJ ein Linescan darüber erstellt. Hiervon wurde dann der mittlere Grauwert der unmittelbaren Umgebung subtrahiert und das Ergebnis mit einer Gauß-Verteilung der Form

$$f(x) = A \cdot \exp\left(-\frac{1}{2}\frac{(x-\mu)^2}{\sigma^2}\right)$$

angepasst (siehe Abbildung 4.1.3). Für die Halbwertsbreite $\text{FWHM} = 2\sqrt{2\ln 2}\sigma$ der Gauß-Kurve, die ein Maß für den Durchmesser d des Partikels sein sollte, ergab sich auf diese Weise ein Wert von

$$d \approx \text{FWHM} = (6{,}0 \pm 0{,}2)\ \text{nm}$$

Um die chemische Zusammensetzung der gefundenen Nanopartikel zu untersuchen, wurde mittels EDXS ein Röntgenspektrum der Agglomerate aufgenommen. Dieses ist die orange Kurve in Abbildung 4.1.4. Um das Signal, das von den mutmaßlichen Quantenpunkten stammt, vom Signal des Einbettmaterials und anderen Störeinflüssen unterscheiden zu können, wurde ein Spektrum von einer Stelle auf der Probe aufgenommen, wo keine Nanopartikel zu sehen waren (blaue Kurve). Beide Spektren wurden normiert und das Hintergrundspektrum vom Spektrum der Nanopartikel abgezogen. Dieses Differenzspektrum ist ebenfalls in Abbildung 4.1.4 dargestellt (grüne Kurve).

Deutlich im Differenzspektrum zu erkennen sind die Emissionslinien von Cadmium zwischen 3keV und 4keV sowie die Schwefel-Linien um 2,4keV. Auch der Selen-Peak bei knapp 1,5 keV ist in der Differenzkurve zu erkennen. Zink konnte allerdings nicht nachgewiesen werden.

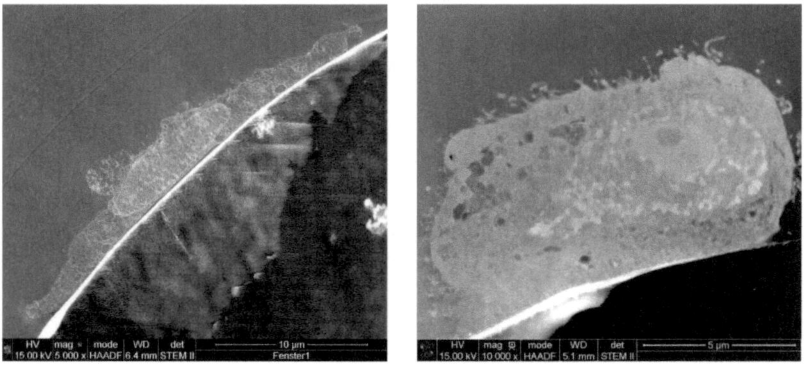

(a) *Zellaufnahme mit deutlich erkennbaren Membranen und Zellkern dank Fixierung unter Verwendung von OsO_4*

(b) *fehlender Membrankontrast bei ohne OsO_4 fixierten Zellen*

Abbildung 4.1.1: *STEM-HAADF-Aufnahmen von HeLa-Zellen auf Aclar-Folie zum Vergleich der Präparation mit und ohne Osmiumtetroxid*

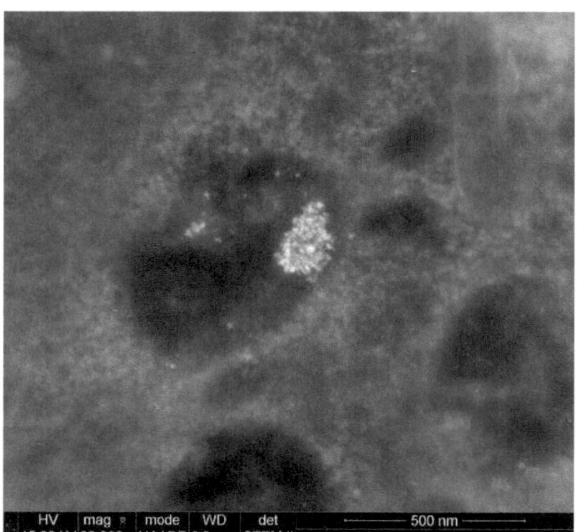

Abbildung 4.1.2: *HAADF-STEM-Aufnahme von Agglomeraten von Nanopartikeln in einem ansonsten leeren Vesikel (Fixierung ohne Osmium)*

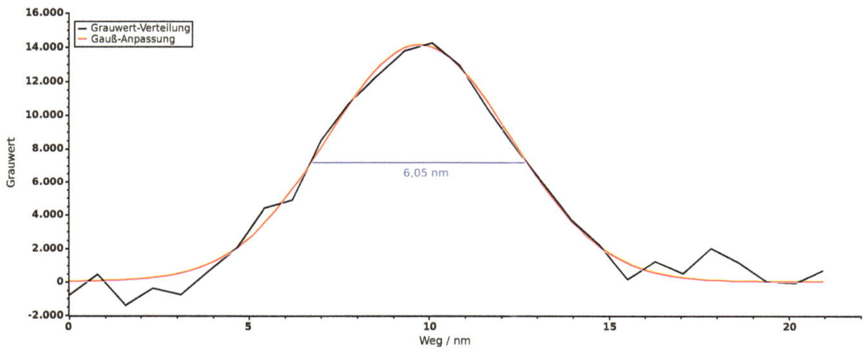

Abbildung 4.1.3: *Linescan und Gauß-Fit zur Abschätzung des Durchmessers der Nanopartikel*

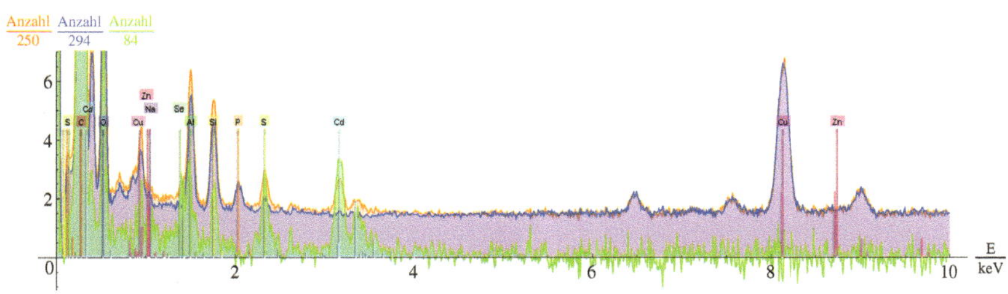

Abbildung 4.1.4: *Röntgenspektrum eines Agglomerats von Nanoteilchen in einer HeLa-Zelle (orange), Hintergrundspektrum (blau) und normierte Differenzkurve von QD-Spektrum und Hintergrundspektrum (grün)*

4.2. Quantenpunkte auf Kohlenstoff

In einem weiteren Versuch wurden drei verschiedene Chargen Quantenpunkte auf kohlenstoffbedampfte Kupfernetzchen aufgebracht und im STEM untersucht. Bei der ersten Sorte handelte es sich dabei um Core-Shell-Quantenpunkte aus CdSe-ZnS, die eine relativ geringe Quantenausbeute besaßen ($\approx$10%) und auch in den restlichen Versuchen verwendet wurden. Die zweite Charge war eine neuere Anfertigung der CdSe-ZnS-Quantenpunkte, allerdings mit einer höheren Quantenausbeute. Bei der dritten untersuchten Sorte handelte es sich um die bloßen CdSe-Kerne der neuen Quantenpunkt-Sorte. Diese Untersuchung wurde mit dem Ziel durchgeführt, den Durchmesser der Quantenpunkte zu vermessen und mit dem in Abschnitt 4.1 gefundenen Durchmesser zu vergleichen. Außerdem wurden EDX-Spektren der drei verschiedenen Quantenpunkt-Chargen aufgenommen.

Zunächst einmal mussten wir feststellen, dass die Probe bei höheren Vergrößerungen zu starker Kontamination unter Elektronenbestrahlung neigte. Hierfür kommen zwei Ursachen in Frage. Eine dürfte die Tatsache sein, dass die Quantenpunkte in Chloroform vorlagen und auf die Grids getropft wurden. So war das Chloroform wohl nicht vollständig verdampft, wurde durch den Elektronenbeschuss aufgebrochen und führte so zur Kontamination. Außerdem waren die Quantenpunkte mit Trioctylphosphinoxid behandelt worden, um sie löslich zu machen. Da diese organische Verbindung Kohlenwasserstoffe enthält, dürften auch diese unter Elektronenbestrahlung aufgebrochen sein und einen wesentlichen Beitrag zur Kontamination geleistet haben.

Als Konsequenz der starken Kontamination konnten nur Bilder mit relativ geringen Verweildauern und Auflösungen aufgenommen werden.

4.2.1. CdSe-ZnS-Quantenpunkte mit niedriger Quanteneffizienz

Wie in Abschnitt 4.1 wurde mit ImageJ ein Linescan über einen Quantenpunkt aus der HAADF-STEM-Aufnahme in Abbildung 4.2.1a durchgeführt und die Verteilung mittels SciDAVis[1] mit einer Gauß-Verteilung angepasst (siehe Abbildung 4.2.2). Ergebnis dieses Vorgehens war eine Halbwertsbreite von

$$\mathrm{FWHM} = (3{,}0 \pm 0{,}2)\ \ \mathrm{nm}$$

4.2.2. CdSe-ZnS-Quantenpunkte mit höherer Quanteneffizienz

Mit der zweiten Charge (STEM-Aufnahme in Abbildung 4.2.1b) wurde wieder mit Hilfe eines Linescans (Abbildung 4.2.3) eine Halbwertsbreite von

$$\mathrm{FWHM} = (4{,}0 \pm 0{,}1)\ \ \mathrm{nm}$$

berechnet. Die Quantenpunkte mit höherer Quanteneffizienz sind also gut 1 nm dicker als die mit niedriger Quantenausbeute, was den Schluss nahelegt, dass die Quantenausbeute der Quantenpunkte also mit deren Durchmesser zusammenhängt.

[1]Bei SciDAVis handelt es sich um eine freie Datenanalysesoftware.

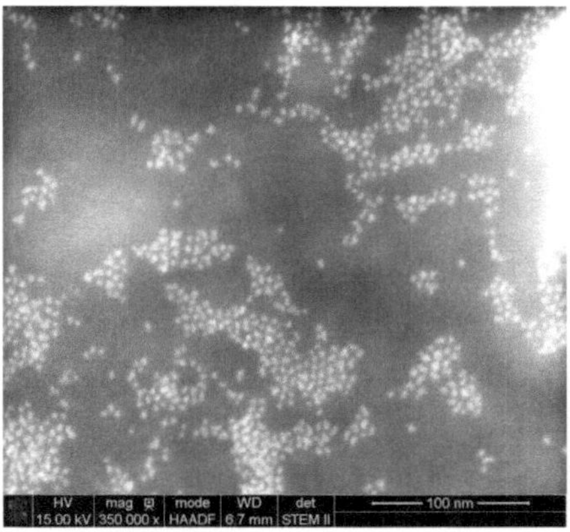

(a) *Agglomerate von Quantenpunkten mit niedriger Quanteneffizienz*

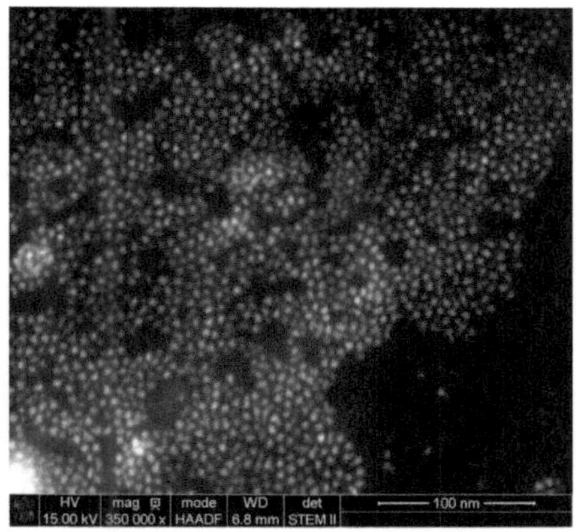

(b) *Agglomerat von Quantenpunkten mit höherer Quanteneffizienz*

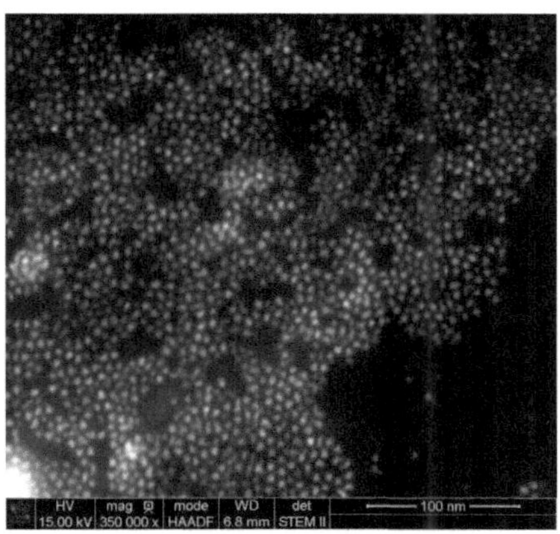

(c) *viele Agglomerate von Quantenpunkten ohne ZnS-Hülle*

Abbildung 4.2.1: *HAADF-STEM-Aufnahmen der drei verschiedenen Quantenpunkt-Chargen*

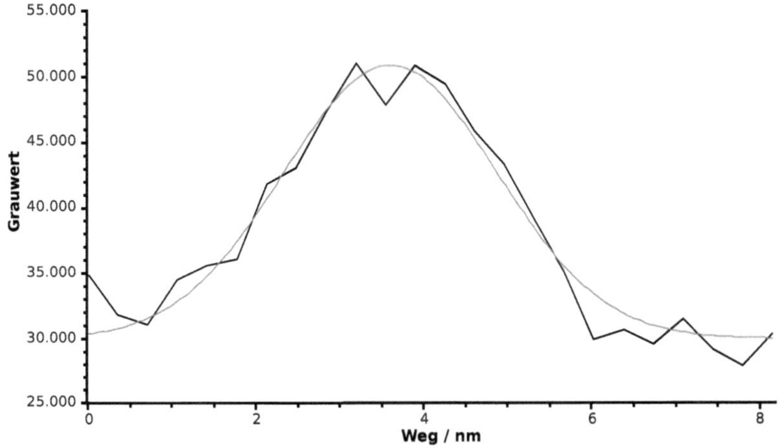

Abbildung 4.2.2: *Linescan über einen Quantenpunkt mit niedriger Quanteneffizienz (schwarz: gemessener Grauwert, rot: Gauß-Anpassung)*

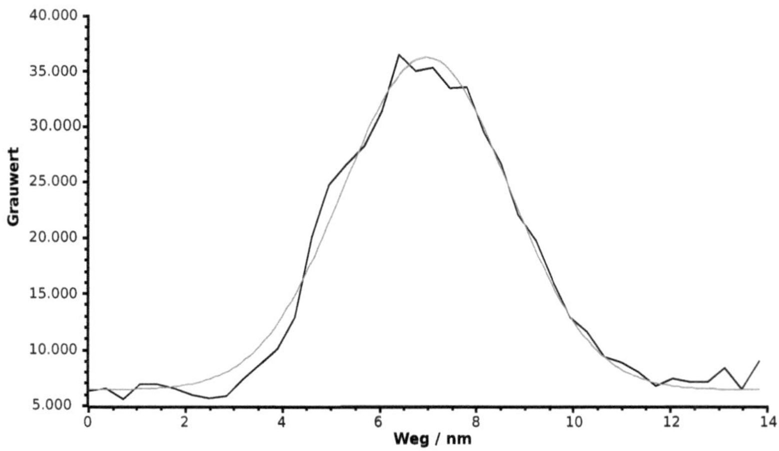

Abbildung 4.2.3: *Linescan über einen Quantenpunkt mit höherer Quanteneffizienz (schwarz: gemessener Grauwert, rot: Gauß-Anpassung)*

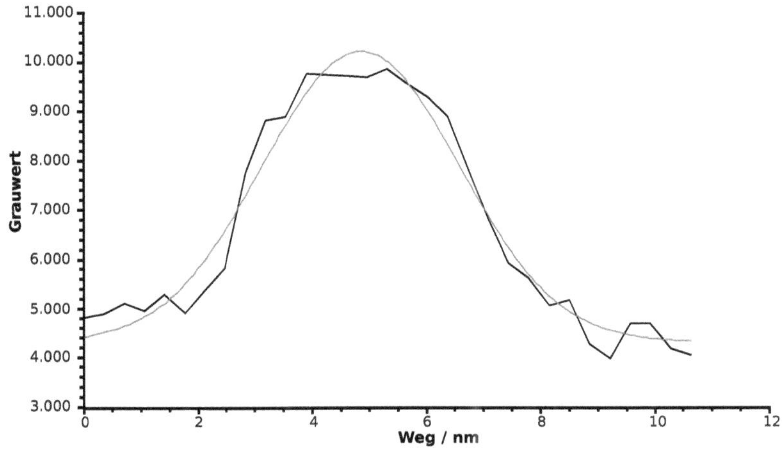

Abbildung 4.2.4: *Linescan über einen Quantenpunkt ohne ZnS-Hülle (schwarz: gemessener Grauwert, rot: Gauß-Anpassung)*

4.2.3. CdSe-Quantenpunkte

Schließlich wurden HAADF-STEM-Aufnahmen der CdSe-Kerne angefertig (Abbildung 4.2.1c). Die durch einen Linescan (Abbildung 4.2.4) ermittelte Halbwertsbreite lag bei

$$\text{FWHM} = (4{,}0 \pm 0{,}2)\ \text{nm}$$

Der Durchmesser unterscheidet sich kaum von dem der Core-Shell-Quantenpunkte. Dies ist nicht verwunderlich, da die Hülle aus ZnS nur wenige Atomlagen dick ist.

4.2.4. EDX-Spektren

Zu den Core-Shell-Quantenpunkten mit niedriger und höherer Quanteneffizienz, die auf Kupfernetzchen mit Kohlenstofffilm aufgebracht waren, wurden EDX-Spektren aufgenommen. Durch die Wahl einer größeren Blende und einen höheren Probenstrom konnten hier wesentlich höhere Zählraten als in Abschnitt 4.1 erreicht werden. Die Spektren sind in Abbildung 4.2.5 zusammen mit einem Hintergrundspektrum zu sehen. Es sind diejenigen Peaks markiert, die in beiden Quantenpunktproben, aber nicht im Hintergrundspektrum auftauchen, da solche Peaks von Elementen stammen sollten, die Bestandteil der Probe sind. Die auf diese Weise ignorierten Emissionslinien gehören zu den Elementen Kohlenstoff, Sauerstoff, Eisen, Nickel, Kupfer, Aluminium und Silizium. Zu beachten ist außerdem, dass die beiden Quantenpunktspektren auf die Höhe des Kadmium-Peaks normiert wurden und das Hintergrundspektrum in y-Richtung gestreckt wurde, was sich in den unterschiedlichen Skalen für die Kurven äußert.

Die Spektren beider Quantenpunktproben enthalten die erwarteten Peaks für die Bestandteile der Quantenpunkte Kadmium (bei 3-4 keV), Selen (bei 11-11,5 keV), Zink (bei 8,5-9 keV) und Schwefel (bei 2-2,5 keV). Darüber hinaus sind die Emissionslinien von Chlor, Stickstoff und Phosphor zu identifizieren. Interessant ist insbesondere, dass im Spektrum der Quantenpunkte höherer Quantenausbeute deutlich höhere Zink- und Schwefel-Peaks auftauchen. Deren größerer Durchmesser scheint also auf eine dickere ZnS-Hülle zurückzuführen zu sein.

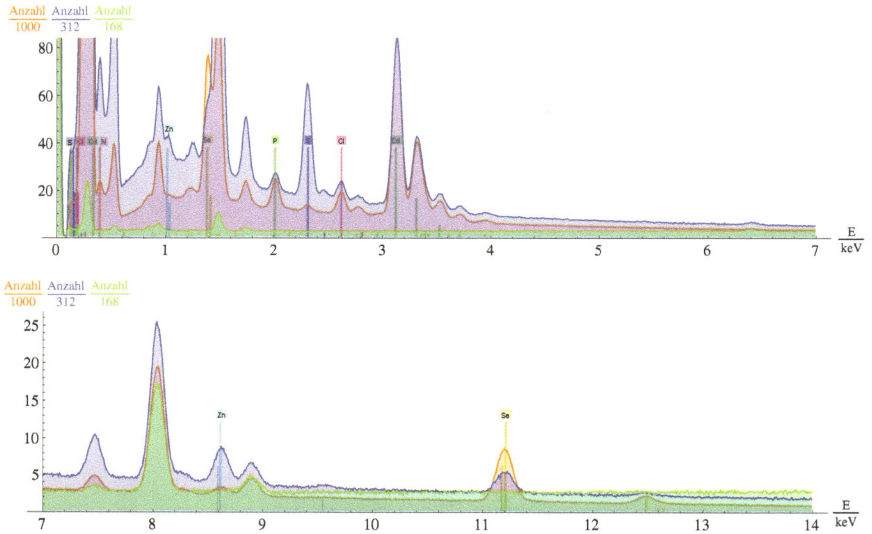

Abbildung 4.2.5: *EDX-Spektren der CdSe-ZnS-Quantenpunkte mit niedriger Quanteneffizienz (orange), der CdSe-ZnS-Quantenpunkte mit höherer Quanteneffizienz (blau) und Hintergrundspektrum (grün). Nicht markiert wurden Peaks, die im Proben- und im Hintergrundspektrum auftauchen.*

4.3. Nanopartikel auf Aclar-Folie

Mit dem Fluoreszenzmikroskop konnten die vermeintlichen Quantenpunkte in HeLa-Zellen nicht gesehen werden, obwohl die Stelle auf der Probe, die vorher elektronenmikroskopisch betrachtet wurde, zweifelsfrei identifiziert und betrachtet werden konnte. Um auszuschließen, dass die Fixierungsprozedur Ursache dieses Problems ist, wurden auch lediglich Nanopartikel auf Aclar-Folie platziert und in LR White eingebettet.

4.3.1. Quantenpunkte

In einem ersten Versuch handelte es sich um eine Suspension mit Quantenpunkten, mit der die Aclar-Folie beträufelt wurde. In dieser Probe war bereits mit bloßem Auge ein orangefarbener Rand zu sehen, der eine besonders hohe Konzentration an Quantenpunkten enthielt. Dieser Rand konnte auch auf den Dünnschnitten identifiziert und im STEM abgebildet werden, wie Abbildung 4.3.1a zeigt. Außerdem wurden im Fluoreszenzmikroskop Aufnahmen eines solchen Randes gemacht. Für diese Aufnahme wurden die Dünnschnitte jedoch nicht wie sonst auf Kupfernetzchen, sondern direkt auf dem gläsernen Probenträger des 4π-Mikroskops abgelegt. Man erkannte im Emissionsmodus des Fluoreszenzmikroskops deutlich das Quantenpunkt-Agglomerat am Rand des Einbettmaterials (siehe Abbildung 4.3.1b). Einzelne Quantenpunkte oder kleinere Agglomerate konnten bei dieser Probe allerdings nicht abgebildet werden.

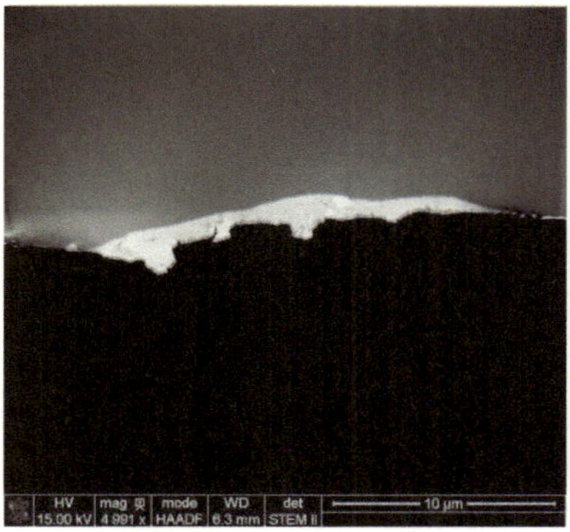

(a) *Ansammlung vieler Quantenpunkte am Rand des Einbettmaterials (HAADF-STEM)*

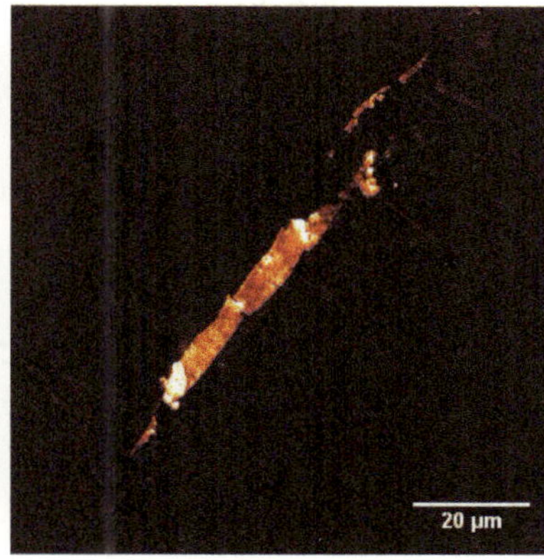

(b) *Agglomerat von Quantenpunkten am Rand des LR White (Fluoreszenzmikroskop-Aufnahme) [1]*

Abbildung 4.3.1: *elektronenmikroskopische und fluoreszenzmikroskopische Aufnahme von Quantenpunkten auf Aclar-Folie*

4.3.2. Goldpartikel

Ein weiterer Versuch wurde mit Goldpartikeln (nominaler Durchmesser 40 nm) unternommen. Diese konnten aufgrund ihres wesentlich größeren Durchmessers und der hohen Ordnungszahl im STEM leicht als sehr helle, rundliche Objekte am Rand des LR White gefunden werden. Meistens waren sie in kleinen Gruppen angeordnet (etwa 2-4 Partikel); es wurde aber auch ein Agglomerat aus tausenden Partikeln aufgenommen, wie man in Abbildung 4.3.2 sieht.

Außerdem wurde ein Linescan über einige Goldpartikel erstellt (siehe Abbildung 4.3.3). Auf diese Weise konnte ihr Durchmesser zu 30-40 nm abgeschätzt werden.

Problematisch an der Verwendung von Goldpartikeln bei CLEM ist, dass diese zwar im STEM einen hohen Kontrast erzielen, im Fluoreszenzmikroskop im Emissionsmodus jedoch nicht zu sehen sind. Leider konnten die Goldpartikel aber auch nicht im Reflexionsmodus des 4π-Mikroskops abgebildet werden.

4.4. Verkürzung der Einbettprozedur

Da das Fixieren und Einbetten der Zellproben nach dem Standard-Protokoll ein äußerst langwieriger Prozess ist, wurde auch ein Versuch unternommen, die Präparationszeit zu verkürzen: Statt die in Abschnitt A vorgeschlagene LR-White-Reihe anzuwenden, wurde ein Teil der Proben sofort nach der Ethanol-Reihe in reines LR White eingebettet. Ein anderer Teil der Proben wurde zu Referenzzwecken konventionell eingebettet. Wie man in den HAADF-STEM-Aufnahmen in Abbildung 4.4.1 erkennt, zeigt die konventionell eingebettete SW13-Zelle einen deutlichen Membrankontrast und die Ultrastruktur ist sehr gut erhalten (Abbildung 4.4.1a). Bei einer SW13-Zelle, die nach dem modifizierten Verfahren eingebettet wurde, sind die Organellen kaum zu identifizieren. Ihre Außenmembran scheint außerdem zerstört und das Zytoplasma ist von einem hellen Schleier durchzogen (Abbildung 4.4.1b). Außerdem war die Dichte an Zellen auf der Aclar-Folie bei den konventionell eingebetteten deutlich höher.

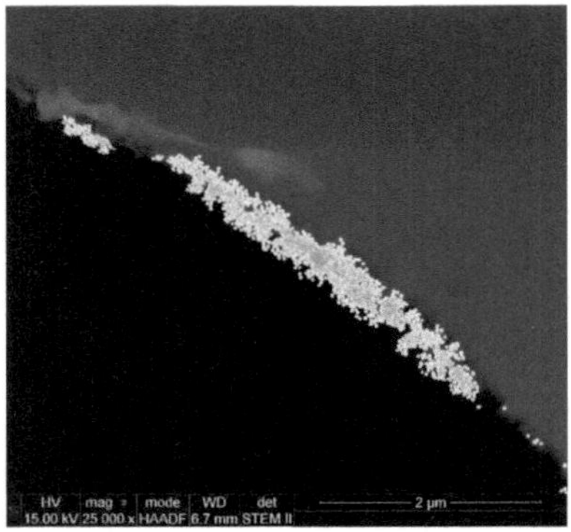

Abbildung 4.3.2: *HAADF-STEM-Aufnahme eines großen Agglomerats von Goldpartikeln am Rand des Einbettmediums*

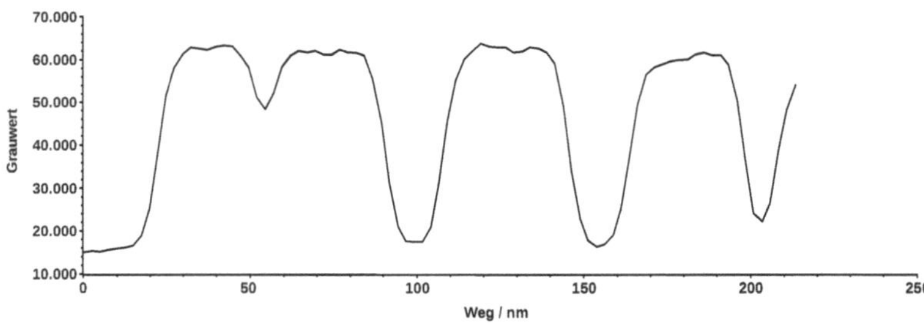

Abbildung 4.3.3: *Linescan zur Bestimmung des Durchmessers der Goldpartikel*

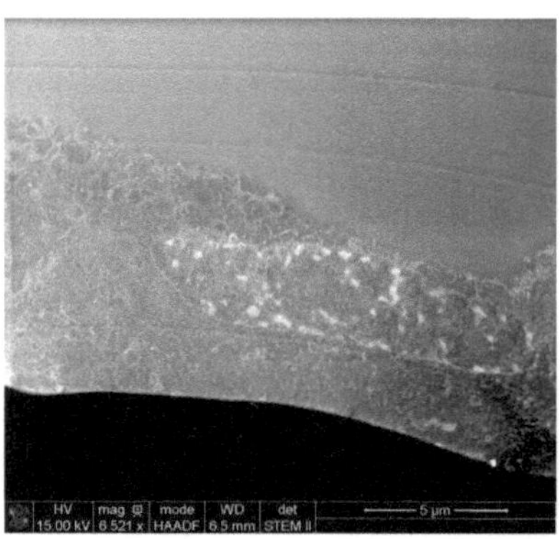

(a) *Konventionell eingebettete Zelle mit deutlich erkennbarem Zellkern und Membranen*

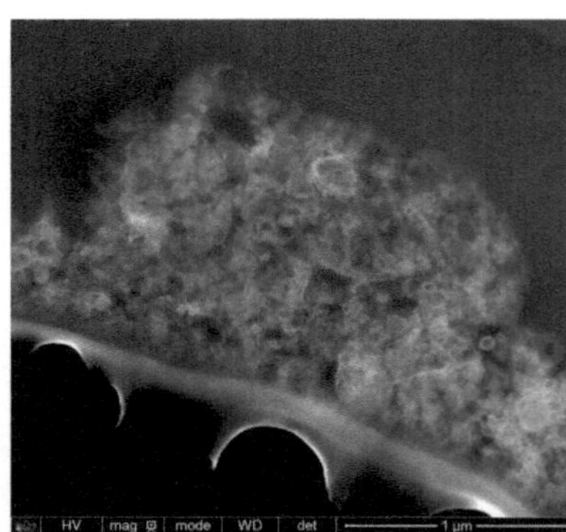

(b) *Nach verkürztem Verfahren eingebettete Zelle mit schwer zu erkennender Ultrastruktur*

Abbildung 4.4.1: *HAADF-STEM-Aufnahmen von SW13-Zellen auf Aclar-Folie zum Vergleich der konventionellen mit der verkürzten Einbettung*

Die Proben, die nach dem verkürzten Protokoll gefertigt wurden, enthielten etliche Ansammlungen nanoskaliger, elektronendichter Partikel (vgl. Abbildung 4.4.2). Im Fluoreszenzmikroskop trat jedoch keine Lumineszenz bei ebendiesen Proben auf. Außerdem war aufgrund der kaum zu erkennenden Ultrastruktur auch keine Aussage über den Aufenthaltsort der Partikel in der Zelle möglich, sodass die Nanopartikel in den so präparierten Zellen nicht weiter untersucht wurden.

4.5. Aclar-Folie

Beim Anfertigen der Ultradünnschnitte der Proben kam es zu unerwarteten Komplikationen aufgrund der Verwendung von Aclar-Folie. So konnten zunächst keine Schnitte mit einer geringeren Dicke als 100 nm angefertigt werden. Oft konnte beobachtet werden, dass bei dünneren Schnitten (z. B. 50 nm) lediglich das Einbettmedium immer korrekt geschnitten wurde, während nur jeder zweite Schnitt Aclar-Folie enthielt, die dann aber entsprechend die doppelte Dicke aufwies. Dieses Verhalten konnte durch ein Herabsetzen der Schnittgeschwindigkeit von den üblichen 0,8 $\frac{\text{mm}}{\text{s}}$ auf 0,2 $\frac{\text{mm}}{\text{s}}$ oder weniger reduziert werden, sodass auch 70 nm-Schnitte relativ zuverlässig angefertigt werden konnten.

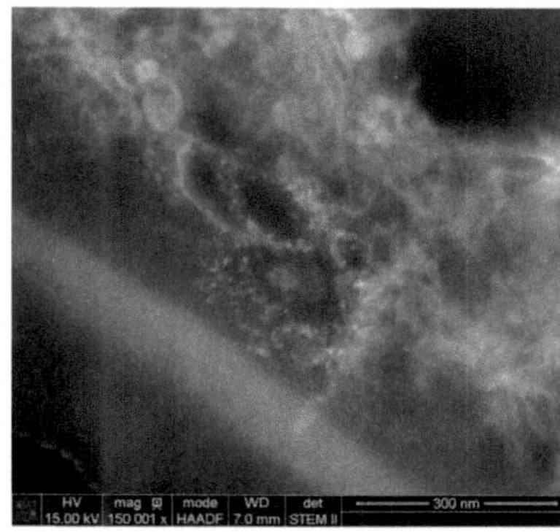

Abbildung 4.4.2: *HAADF-STEM-Aufnahme von Nanopartikeln in SW13-Zellen, die nach einem verkürzten Protokoll eingebettet wurden*

Ein weiteres Problem, das mit dem vorher geschilderten zusammenhängen könnte, war das Auftreten von Spannungen in den Dünnschnitten. Beim Schneiden der Probe mit dem Diamantmesser bildeten sich im LR White Vertiefungen und Erhebungen senkrecht zur Aclar-Folie. Im STEM konnte die Probe durch Bügeln[2] geglättet werden. Bei den Proben aber, die für die Fluoreszenzmikroskopie vorbereitet und mit dem Zellmembranfärbstoff DiD nachgefärbt wurden, sammelte sich der Farbstoff in den Furchen im Einbettmedium, sodass keine Membranen, sondern lediglich die Furchen in den Schnitten im 4π-Mikroskop zu sehen waren.

Eine weitere, wesentlich störendere Beobachtung im Umgang mit der Aclar-Folie war ihre Instabilität unter Elektronenbestrahlung im STEM. So verbog sich die Folie, zerknitterte und riss schließlich schon nach kurzer Betrachtungszeit, wie man in Abbildung 4.5.1a erkennt. Dieses Problem konnte ebenfalls durch Bügeln des gewünschten Sichtbereichs vor der Abbildung verringert werden. So konnte durch zweimaliges Bügeln des abzubildenden Bereichs auf dem Dünnschnitt die Aclar-Folie für längere Zeit abgebildet werden, ohne dass sie starke Verbiegung oder Risse aufwies. Die Folie erschien nach einiger Zeit lediglich wesentlich dunkler als zu Beginn der Beobachtung (Abbildung 4.5.1b).

Eine andere Auffälligkeit auf den HAADF-STEM-Aufnahmen von Zellen in LR White auf Aclar-Folie war der hohe Kontrast der Aclar-Folie gegenüber dem Einbettmedium auf (siehe

[2]Bügeln (engl. ironing) bezeichnet das schnelle Abrastern (Verweildauer z. B. 300 ns) des abzubildenden Probenbereichs mit einem stark defokussierten Elektronenstrahl über einen Zeitraum von üblicherweise mehreren Minuten.

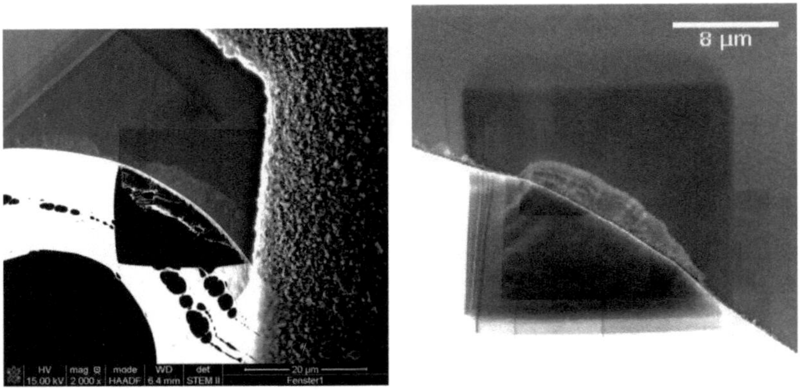

(a) *Ungebügelte Aclar-Folie (weiß) ist verbogen und im Sichtfenster vollkommen zerstört* (b) *Gebügelte Aclar-Folie (weiß) ist deutlich stabiler und erscheint lediglich dunkler im Sichtfenster*

Abbildung 4.5.1: *Vergleich der Stabilität der Aclar-Folie unter Elektronenbestrahlung im STEM mit und ohne Bügeln (HAADF-STEM-Aufnahmen)*

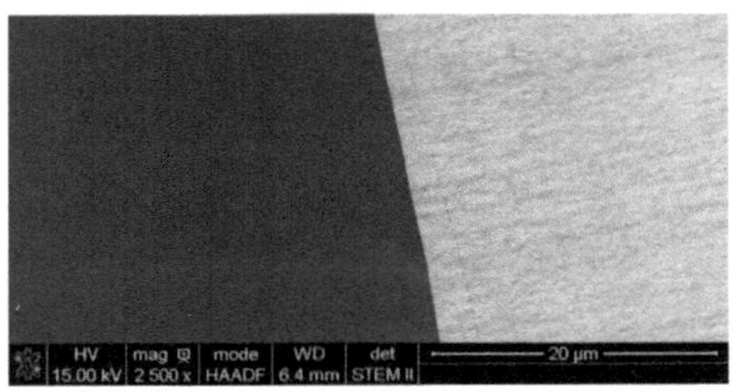

Abbildung 4.5.2: *HAADF-STEM-Aufnahme, die den Kontrast an der Grenze zwischen LR White (links) und Aclar-Folie (rechts) zeigt*

Abbildung 4.5.2). Da dieser Effekt auch bei dicken Schnitten auftrat, die nicht von dem Problem mit der unzuverlässigen Schnittdicke (s. o.) betroffen waren, kann ausgeschlossen werden, dass der erhöhte Kontrast nur von einem Dickenunterschied von LR White und Aclar-Folie herrührt. Offenbar müssen sich die beiden Materialien also relativ deutlich in ihrer mittleren Ordnungszahl unterscheiden. Tatsächlich besteht die Aclar-Folie laut Herstellerangaben (Honeywell [15]) aus Chlortrifluorethen mit einer mittleren Ordnungszahl von 9,33, während der Hauptbestandteil von LR White Bisphenol A mit einer mittleren Ordnungszahl von 3,70 ist (ProSciTech [18]).

4.6. LR White

Wie in Abschnitt 3.3.1 bereits erwähnt, wurde im Zusammenhang mit dieser Arbeit statt dem für Elektronenmikroskopie üblichen Epon LR White als Einbettmedium verwendet, da Epon im Fluoreszenzmikroskop autofluoreszierte. Diesbezüglich stellte sich LR White in der Tat als die bessere Wahl heraus, da es keine Autofluoreszenz zeigte.

5. Diskussion

5.1. Verwendete Materialien

5.1.1. Quantenpunkte

Bei den eingesetzten und beobachteten Nanopartikeln handelte es sich (bis auf eine Ausnahme) um Quantenpunkte. Diese sollten sich für CLEM eigentlich besonders gut eignen, da sie ohne weitere Behandlung im STEM und im Fluoreszenzmikroskop sichtbar sind. Außerdem ist es prinzipiell möglich, verschiedene Typen von Quantenpunkten, die aufgrund unterschiedlicher Emissionswellenlängen im Lichtmikroskop zu unterscheiden sind, auch im STEM auseinanderzuhalten, sofern zwischen ihnen Unterschiede hinsichtlich Größe oder mittlerer Ordnungszahl, d. h. chemischer Zusammensetzung, bestehen [5, 8].

In der Praxis zeigte sich die Beobachtung im Fluoreszenzmikroskop allerdings als schwierig. So konnten die Quantenpunkte in allen Proben, die eingebettete Zellen enthielten, nicht gesehen werden. Da auch die Proben, die osmiumfrei präpariert wurden, keine Fluoreszenz zeigten, ist Osmiumtetroxid wohl nicht ausschließlich für fehlende Fluoreszenz verantwortlich. Vielmehr muss die Ursache auch noch in den restlichen Präparationsschritten gesucht werden. So könnte beispielsweise das Einbettmedium LR White einen negativen Einfluss auf die Fluoreszenz der Quantenpunkte haben. Dies würde zumindest erklären, warum es möglich war, Quantenpunkte in lebenden Zellen abzubilden, aber nicht in eingebetteten Zellproben [1]. Auch die in Abschnitt 4.3.1 gezeigte konfokale Aufnahme eines Agglomerats von auf Aclar-Folie eingebetteten Quantenpunkten spricht nicht gegen diese These, da es durchaus möglich ist, dass das LR White nicht das ganze Agglomerat von Quantenpunkten durchdrungen hat und so nur an dessen Rand einen schädlichen Einfluss auf die Fluoreszenz gehabt haben könnte.

Der Einfluss von Osmiumtetroxid auf die Fluoreszenz der Quantenpunkte konnte also nicht zweifelsfrei bestätigt werden. Es ist im Angesicht der Ergebnisse durchaus auch denkbar, dass Osmium überhaupt keinen Einfluss auf die Quantenpunkte hat. Sicher ist jedenfalls, dass Osmiumtetroxid für den elektronenmikroskopischen Teil von CLEM je nach biologischer Fragestellung nötig sein kann. Denn bei fehlender Osmium-Kontrastierung waren aufgrund fehlenden Membrankontrasts außer dem Zellkern Zellorganellen nur schwer oder garnicht zweifelsfrei zu erkennen[1]. Sollte also beispielsweise die Frage beantwortet werden, in welchen Organellen sich Nanopartikel in Zellen ansammeln, dann wäre der Einsatz von Osmium unverzichtbar.

Wie sich gegen Ende dieser Arbeit herausstellte, handelte es sich bei den Quantenpunkten, die für fast alle Versuche eingesetzt wurden, um solche mit vergleichsweise niedriger Quantenausbeute. Zwar sollten diese trotzdem im Fluoreszenzmikroskop zu sehen sein, aber dennoch wäre es günstiger, in Zukunft effizientere Quantenpunkte einzusetzen, da diese aufgrund ihres stärkeren Signals leichter im Dünnschnitt zu finden und deutlicher vom Hintergrundrauschen zu unterscheiden sind.

[1] Entgegen der Erwartung schienen die Membranen aber auch ohne Osmium intakt, wie eine exemplarische Vermessung des Spalts zwischen Kern und Plasma ergab.

Um die korrelative Licht- und Elektronenmikroskopie von Quantenpunkten in Zellen nutzbar zu machen, sollte also zunächst die Ursache für die fehlende Fluoreszenz der Quantenpunkte weiter eingegrenzt werden (z. B. durch Einsatz der Quantenpunkte mit höherer Effizienz oder Wechsel des Einbettmediums) und dann schrittweise die Osmium-Konzentration bei der Präparation erhöht werden, sodass ein besserer Membrankontrast im STEM erzielt werden kann.

Auch im STEM waren die Quantenpunkte nicht immer gut zu erkennen. So wurde die Dicke der Dünnschnitte mit meist 100-150 nm relativ groß gewählt, weil dies einerseits eine Untergrenze für eine fluoreszenzmikroskopische Untersuchung zu sein scheint und um andererseits nicht zu wenige Quantenpunkte in einer Zelle zu finden. Diese Dicke führte allerdings zu einer merklichen Strahlverbreiterung und damit einer schlechteren Auflösung, was die Vermessung einzelner Quantenpunkte erschwerte.

Bezüglich der Durchmesser der Nanopartikel in der Zelle und den Quantenpunkten auf Kohlenstoff scheinen sich die Ergebnisse zu widersprechen. Bei dem Vergleich der Durchmesser muss aber berücksichtigt werden, dass die Grauwertverteilung der Nanopartikel in der Zelle wesentlich flacher als die der Quantenpunkte auf Kohlenstoff war, was die Halbwertsbreite erhöht. Diese Tatsache ist wohl darauf zurückzuführen, dass der Elektronenstrahl bei den Zellproben die gesamte Dicke des Dünnschnitts, die bei etwa 150 nm lag, durchdringen muss, wodurch es zu ungewollter Mittelung des Grauwerts über die gesamte Dicke kommt. Dies ist bei dem dünneren Kohlenstofffilm, der darüberhinaus eine homogenere Gestalt hat, nicht der Fall.

Eine weitere elektronenmikroskopische Schwierigkeit ist der Kontrast der Quantenpunkte. Trotz einer deutlich höheren mittleren Ordnungszahl ist der Kontrast einzelner Quantenpunkte kaum höher als der Kontrast der umgebenden Zellmatrix, sodass es nur möglich war, einzelne Quantenpunkte in leeren Vesikeln zu erkennen.

5.1.2. Aclar-Folie

Bei der Durchführung dieser Arbeit sind immer wieder Probleme aufgetaucht, die sich auf die Verwendung der Aclar-Folie zurückführen ließen. Zwar ist sie optisch transparent und damit im Gegensatz zu der von Bleimund [3] verwendeten TransWell-Membran für korrelative Mikroskopie geeigneter. Allerdings scheinen Aclar-Folie und das ausgehärtete LR White erheblich unterschiedliche Elastizität aufzuweisen, weshalb es beim Anfertigen der Dünnschnitte zu Schwierigkeiten kam. Statt Aclar-Folie und LR White gleichmäßig zu schneiden, schob das Diamantmesser bei dünnen Schnittdicken die Aclar-Folie beiseite und schnitt nur das LR White. Diese Verformung und Verschiebung der Aclar-Folie im LR-White-Block ist auf die im Vergleich zur TransWell-Membran fehlende Porosität zurückzuführen, die die Position der Folie im Einbettmedium fixieren könnte. Eine weitere Folge des Elastizitätsunterschieds ist eine starke Wellung des Einbettmediums in den Schnitten, wie Abbildung 5.1.1 zeigt. Zwar ließ sich das Problem für die Elektronenmikroskopie durch Bügeln verringern, allerdings machte es eine Nachfärbung für die Verwendung der Schnitte im Fluoreszenzmikroskop unmöglich.

Schließlich war die mangelhafte Stabilität der Aclar-Folie unter Elektronenbestrahlung im STEM ein weiterer störender Faktor. Ursache hierfür dürfte die Erhitzung der Aclar-Folie durch den Elektronenstrahl sein. Diese tritt nach Reimer [19] bei niedrigen Beschleunigungsspannungen, wie sie auch hier verwendet wurden, besonders stark zutage.

Aus all diesen Gründen sollte über ein Ersetzen der Aclar-Folie nachgedacht werden. Eine Möglichkeit hierzu wäre es, die Zellen statt auf Aclar-Folie auf einem präparierten Glasträger zu züchten und mit Hilfe eines Glaszylinders, der darübergesetzt wird, direkt vom Glasträger in

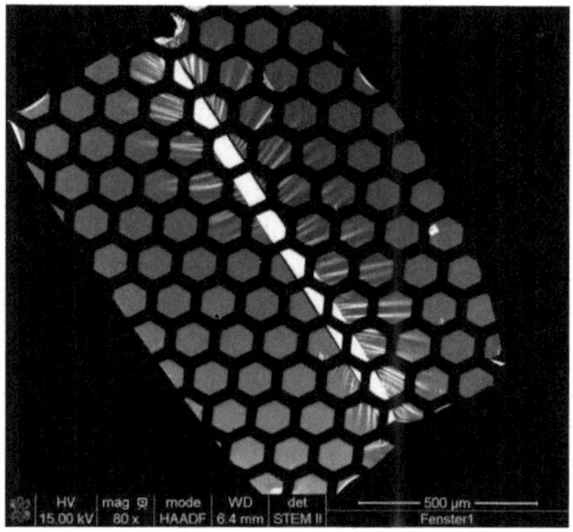

Abbildung 5.1.1: *HAADF-STEM-Aufnahme eines Dünnschnitts zeigt die starke Wellung des Einbettmediums*

LR White einzubetten, wie es auch von Hanson et al. [12] vorgeschlagen wird. Auf diese Weise würden die angefertigten Dünnschnitte allerdings in einer Ebene senkrecht zur ursprünglich erhaltenen Ebene liegen. Sollte dies nicht gewünscht sein, könnte vor dem Dünnschneiden die Spitze des LR-White-Blocks, die die Zellen enthält, vom Rest des Blocks abgetrennt, in die gewünschte Position gedreht und wieder aufgeklebt werden. So könnten durch ein wenig mehr Aufwand all die Probleme, die der Einsatz von Aclar-Folie mit sich bringt, behoben werden.

5.2. EDXS

Um Nanopartikel hinsichtlich ihrer chemischen Zusammensetzung zu untersuchen, wurden mehrfach EDX-Spektren aufgenommen. Das Problem, das hierbei zunächst auftrat, waren geringen Zählraten, die in der Größe von etwa Tausend Ereignissen pro Sekunde lagen. Diese sind nicht weiter verwunderlich, da die Proben schließlich sehr dünn (etwa 100 nm) sind und so kaum Anregungsvolumen für die Röntgenemission zur Verfügung steht. Außerdem durfte der Probenstrom nicht zu groß gewählt werden, um eine Beschädigung der Probe zu verhindern, was sich ebenfalls negativ auf die Zählrate auswirkt. Dennoch war es durch Akkumulation des Signals über einen größeren Bereich der Probe, eine Messzeit von mehreren Minuten (5 min in Abschnitt 4.1, 20 min in Abschnitt 4.2) und die Wahl einer größeren Blende möglich, Bestandteile der Quantenpunkte zu identifizieren. Außer den Materialien, aus denen die Quantenpunkte bestehen, also Kadmium, Schwefel, Zink und Selen, fanden sich jedoch auch andere Emissionslinien in den Spektren.

Die in Abbildung 4.1.4 enthaltenen Zusatz-Peaks erklären sich wie folgt: Der Kupfer-Peak kommt durch Elektronen zustande, die das Kupfernetzchen treffen, während Sauerstoff und Kohlenstoff Bestandteile der die Quantenpunkte umgebenden Zelle sind. Der STEM-Detektor ist ein Silizium-Halbleiter-Detektor, was den Silizium-Peak erklärt. Aluminium ist zum Beispiel im Probenhalter enthalten. Beim angezeigten Tantal-Peak dürfte es sich um eine Misinterpretation der Signale für Schwefel, Silizium und Kupfer handeln[2].

[2] Wie sich später herausstellte, war die Energie-Achse des EDX-Systems nicht richtig kalibriert. Eine Rekalibrierung führte zu einer leichten Stauchung der x-Achse. So verschwand der Tantal-Peak und die Peaks des Spektrums passten besser zu den erwarteten Emissionslinien.

Die Spektren in Abbildung 4.2.5 enthalten darüber hinaus noch weitere Linien, die Erklärung bedürfen. Der Chlor-Peak dürfte auf die Verwendung von Chloroform zur Lösung der Quantenpunkte zurückzuführen sein. Üblicherweise verdunstet Chloroform sehr schnell, weshalb eigentlich kein Chlor in der Probe erwartet wurde. Es ist jedoch vorstellbar, dass das Chloroform nach dem Auftropfen der Quantenpunkt-Suspension auf die Kupfernetzchen nicht vollständig verdunstet ist, sondern mit dem Kohlenstofffilm reagiert hat. Des Weiteren waren die Quantenpunkte mit Trioctylphosphinoxid behandelt, um sie löslich zu machen. Diese Substanz enthält neben Kohlenwasserstoffen und Sauerstoff auch Phosphor, was die Phosphor-Emissionslinie im EDX-Spektrum bei etwa 2 keV erklärt. Lediglich die Ursache des Stickstoff-Peaks bei knapp unter 0,5 keV konnte nicht abschließend geklärt werden. Das Auftreten der Emissionslinie auf die Restgasmoleküle in der Probenkammer zurückzuführen, scheint angesichts der Höhe des Peaks nicht plausibel.

Auch für die Emissionslinien, die sich im Hintergrundspektrum aus Abbildung 4.2.5 finden, lassen sich Erklärungen finden. Kupfer- und Kohlenstoff-Peak stammen von den Kupfernetzchen mit Kohlenstofffilm. Die Peaks für Aluminium und Silizium dürften wieder vom Probenhalter bzw. STEM-Detektor stammen. Nickel- und Eisen-Peak werden höchstwahrscheinlich durch sogenannte Rückstreuelektronen vom Typ III verursacht, die Röntgenstrahlung von Polschuh, Objektivlinse oder anderen Bestandteilen des Mikroskops induzieren. Außerdem enthält das Hintergrundspektrum einen Sauerstoff-Peak bei knapp über 0,5 keV. Wie beim Stickstoff-Peak, der im Probensignal vorlag, ist auch hier die Ursache unklar.

Vergleicht man die Spektren der beiden Quantenpunkt-Chargen, so fallen deutliche Unterschiede in der Höhe der Zink- und Schwefel-Peaks auf. So fallen bei den Quantenpunkten niedriger Quantenausbeute Zink- und Schwefel-Peak wesentlich niedriger aus als bei den Quantenpunkten mit hoher Quanteneffizienz. Da aber gleichzeitig Kadmium- und Selen-Peak ähnlich stark ausgeprägt sind, lässt sich schließen, dass bei den Quantenpunkten niedriger Quantenausbeute die ZnS-Hülle dünner ausgefallen ist. Die Quanteneffizienz der Core-Shell-Quantenpunkte scheint also von der Dicke der ZnS-Hülle abzuhängen. Von einer Zunahme der Quanteneffizienz mit dicker werdender ZnS-Hülle bei CdSe-ZnS-Quantenpunkten berichteten auch Heyes et al. [13].

Bezüglich des Spektrums der Nanopartikel in der Zelle (Abbildung 4.1.4) fällt zunächst die deutlich niedrigere Zählrate im Vergleich zu den Quantenpunkten auf Kohlenstoff auf. Dies liegt, wie bereits erläutert, an der Wahl einer kleineren Blende und eines niedrigeren Probenstroms bei der Akkumulation der Daten. Nichtsdestoweniger stechen im Differenzspektrum aus Proben- und Hintergrundsignal Kadmium- und Schwefel-Peak deutlich aus dem Rauschen heraus. Auch der Selen-Peak bei etwa 1,5 keV lässt sich erkennen. Warum der Schwefel-Peak bei knapp 2,5 keV so stark ausfällt, war zunächst unklar, da es sich bei den eingesetzten Nanopartikeln um Quantenpunkte aus der Charge niedriger Quanteneffizienz handelte, die im EDX-Spektrum einen ausgesprochen niedrigen Schwefel-Peak zeigten. Da menschliche Zellen Schwefel enthalten, besteht allerdings die Möglichkeit, dass dieser biologische Schwefel zur Höhe des Peaks beigetragen hat. Tatsächlich findet sich der Schwefel-Peak im Hintergrundspektrum in Abbildung 4.1.4, das von einem Bereich innerhalb einer Zelle stammt, der keine Quantenpunkte enthielt. Dieser Peak ist jedoch vergleichsweise niedrig, sodass auch der in der Zelle vorliegende Schwefel die Höhe des Peaks im Differenzspektrum nicht vollständig erklären kann. Schließlich bleibt noch zu bedenken, dass die Quantenpunkte von der Zelle aufgenommen und innerhalb der Zelle transportiert und prozessiert wurden. Möglicherweise kam es hierbei zu unerwarteten Schwefel-Akkumulationen.

Während also Kadmium, Selen und Schwefel als Bestandteile der Probe identifiziert werden konnten, konnte Zink nicht nachgewiesen werden. Dies ist nicht verwunderlich, da auch im EDX-Spektrum der Quantenpunkte auf Kohlenstoff das Zink-Signal schwach im Vergleich zu den anderen Bestandteilen der Quantenpunkte ausfiel.

Zusammenfassend lässt sich also sagen, dass es sich bei den Nanopartikeln, die in Abschnitt 4.1 in den Zellen gesehen wurden, tatsächlich um Quantenpunkte gehandelt hat. Außerdem kann man schließen, dass EDXS durchaus geeignet ist, um auch an Dünnschnitten Zusammensetzungsanalysen durchzuführen. Es müssen lediglich Messzeit und analysierter Probenbereich groß und der Strahlstrom klein genug gewählt werden, um Ergebnisse zu erhalten, die sich vom Rauschen deutlich abheben, ohne dass beim Messvorgang die Probe zerstört wird.

5.3. Korrelative Mikroskopie von Zellen

5.3.1. Kupfernetzchen

Nicht zuletzt gab es auch Schwierigkeiten bei dem korrelativen Arbeitsablauf. Während eine Betrachtung der gleichen Probe im 4π-Mikroskop nach elektronenmikroskopischer Untersuchung im STEM hinsichtlich der Probenhandhabung nicht zu Problemen zu führen schien, war es bei der umgekehrten Richtung anders. Dünnschnitte auf Kupfer-Grids, die auf den Glasträger des konfokalen Mikroskops gelegt und nach der Betrachtung wieder vom Glas abgelöst wurden, waren vollkommen zerstört, wie Abbildung 5.3.1 zeigt. Anscheinend war die Adhäsion zwischen Dünnschnitt und Glasträger stark genug, um dies zu verursachen.

Eine weitere Situation, in der sich die Verwendung der Grids negativ auswirkte, war die Aufnahme von Bildern im Reflexionsmodus des Fluoreszenzmikroskops, z. B. zur Abbildung der Goldpartikel in Abschnitt 4.3.2. Das Kupfernetzchen reflektierte so stark, dass es sogar unmöglich war, das riesige Agglomerat von Goldpartikeln, das im STEM abgebildet wurde, wiederzufinden. Des Weiteren war auch eine Abbildung von Quantenpunkten im Fluoreszenzmikroskop nicht möglich, wenn die betrachteten Dünnschnitte sich auf Kupfernetzchen befanden. Die in 4.3.1b gezeigte Aufnahme stammt von Dünnschnitten, die direkt auf den Glasträger platziert wurden.

Abbildung 5.3.1: *HAADF-STEM-Aufnahme zerstörter Dünnschnitte auf einem Kupfer-Grid, das vom Glasträger des Fluoreszenzmikroskops abgelöst wurde*

Es erscheint also angebracht, eine Ersetzung der Grids in Betracht zu ziehen, da diese Nachteile für die korrelative Mikroskopie aufweisen. Eine mögliche Alternative wäre die Platzierung der Schnitte auf Indiumzinnoxid[3], einem Material, das sowohl optisch transparent als auch elektrisch leitend ist und sich somit für die korrelative Mikroskopie eignen würde. Dann müsste statt Rastertransmissionselektronenmikroskopie allerdings Rasterelektronenmikroskopie eingesetzt werden, da bereits wenige Mikrometer ITO für den Elektronenstrahl nicht mehr zu durchdringen wären. Beim Einsatz im Rückstreuelektronenmodus könnte aber ebenso wie im STEM ein adäquater Ordnungszahlkontrast erzielt werden, was diese Technik vielversprechend für die korrelative Untersuchung biologischer Proben erscheinen lässt.

[3] oft auch ITO, von englisch „Indium Tin Oxide"

5.3.2. Membranfärbung

Obwohl bei einigen Chargen von Zellproben eine Färbung der Zellmembranen mit dem Fluoreszenzfarbstoff DiD[4] vorgenommen wurde, war keine der Zellen im 4π-Mikroskop im Emissionsmodus sichtbar. Ein Grund könnte sein, dass DiD durch Lichteinfall ausbleicht. Obwohl auf dunkle Lagerung der Proben geachtet wurde, war es aber nicht möglich, ständige Dunkelheit sicherzustellen, da zumindest während der Präparation und dem Dünnschneiden der Proben Licht benötigt wird. Ein anderer Grund für die fehlende Fluoreszenz könnte eine Wechselwirkung mit dem sehr reaktiven Osmiumtetroxid sein, das während dem Präparationsprozess zum Einsatz kam und für die Untersuchung im STEM zu empfehlen ist.

[4]Bei DiD handelt es sich um ein lipophiles Karbozyanin (Hersteller: Invitrogen), das in der Fluoreszenzmikroskopie zur Einfärbung von Zellmembranen benutzt wird. Die Emissionswellenlänge liegt im roten Spektralbereich.

6. Zusammenfassung

In der vorliegenden Arbeit sollte die bereits bestehende Möglichkeit, Nanopartikel in Zellen mittels Niederenergie-Rastertransmissionselektronenmikroskopie abzubilden, auf korrelative Licht- und Elektronenmikroskopie erweitert werden. Hierunter versteht man die Abbildung derselben Zelle mit Hilfe von Fluoreszenz- und Elektronenmikroskop. So wäre es durch die Kombination der beiden Abbildungstechniken möglich, sowohl Informationen über die Dynamik des Aufnahmeprozesses von Nanopartikeln in die Zelle zu erhalten als auch hochpräzise Aussagen über den Aufenthaltsort der Partikel in der Zelle zu machen.

Es stellte sich zunächst heraus, dass das aus der Elektronenmikroskopie bekannte Präparationsverfahren für Zellen sich nicht für eine korrelative Untersuchung der Zellen eignete, weshalb einige Modifikationen am Präparationsprotokoll getestet wurden.

- Die TransWell-Membran, die lichtundurchlässig ist, wurde durch die transparente Aclar-Folie ersetzt. Durch den Einsatz der Aclar-Folie kam es allerdings zu Problemen beim Anfertigen der Dünnschnitte. So konnten zunächst keine Dünnschnitte mit einer geringeren Dicke als etwa 100 nm angefertigt werden. Durch verringerte Schnittgeschwindigkeiten konnte das Problem jedoch abgemildert werden. Nichtsdestotrotz entstanden Spannungen und Wellen in den Dünnschnitten, die zwar im Elektronenmikroskop durch defokussiertes Abrastern der Probe verringert werden konnten, für die Fluoreszenzmikroskopie jedoch äußerst störend waren. Außerdem war die Aclar-Folie sehr instabil unter Elektronenbestrahlung.
- Als Nanopartikel wurden CdSe-ZnS-Quantenpunkte verwendet, da diese per se fluoreszieren.
- Das Einbettmedium Epon stellte sich als autofluoreszent heraus und wurde durch LR White ersetzt. Tatsächlich trat so keine Autofluoreszenz im Konfokalmikroskop mehr auf. Jedoch war es nicht möglich, Nanopartikel in Dünnschnitten von eingebetteten Zellen im Fluoreszenzmikroskop abzubilden.
- Der Einfluss des bei elektronenmikroskopischen Untersuchungen von Zellen üblicherweise verwendeten Membranfärbemittels Osmiumtetroxid auf die Fluoreszenz der Quantenpunkte wurde untersucht. In Dünnschnitten von Zellen mit Nanopartikeln, die unter Verwendung von Osmiumtetroxid fixiert und eingebettet wurden, konnten mit dem Fluoreszenzmikroskop keine Quantenpunkte abgebildet werden. Überraschenderweise waren jedoch auch im STEM keine Quantenpunkte sichtbar. Wurde bei ansonsten gleicher Fixier- und Einbettprozedur kein Osmiumtetroxid eingesetzt, waren die Nanopartikel in HAADF-STEM-Aufnahmen sichtbar. Wie erwartet, war der Kontrast der Zellmembranen allerdings deutlich geringer. Für das Lichtmikroskop brachte das Auslassen der Osmiumfixierung jedoch keine Besserung. Aufgrund der Datenlage ist also kein Schluss möglich, ob die Zellfixierung mit Hilfe von Osmiumtetroxid einen schädlichen Einfluss auf die Fluoreszenz der Quantenpunkte hat. Osmiumtetroxid als einzige Ursache für die fehlende Fluoreszenz erscheint allerdings ausgeschlossen.
- Die Kupfernetzchen, auf denen die Dünnschnitte üblicherweise platziert werden, führten zu Problemen bei der Untersuchung von in LR White eingebetteten Quantenpunkten im

Fluoreszenzmikroskop. So waren Quantenpunkte, die im STEM einwandfrei identifiziert werden konnten, im Fluoreszenzmikroskop nicht wiederzufinden, wenn die Dünnschnitte auf Kupfergrids lagen. Wurden die Dünnschnitte stattdessen direkt auf den Glasträger des Fluoreszenzmikroskops aufgebracht, gelang die Abbildung der Quantenpunkte. Dies könnte ein Indikator dafür sein, dass die Verwendung von Kupfergrids zu Problemen bei der fluoreszenzmikroskopischen Abbildung führt.

- Die LR-White-Reihe bei der Einbettung der Zellproben wurde testweise stark abgekürzt, da diese in der Regel sehr zeitaufwendig ist. Dies führte allerdings zur großteiligen Zerstörung der zellulären Ultrastruktur.

An den Zellproben, die osmiumfrei präpariert wurden, wurden verschiedene elektronenmikroskopische Untersuchungen durchgeführt, um zu überprüfen, ob es sich bei den gefundenen Nanopartikeln tatsächlich um die erwarteten CdSe-ZnS-Quantenpunkte handelte.

- Es wurden HAADF-STEM-Aufnahmen der Nanopartikel in der Zelle angefertigt. Mit Hilfe dieser konnte ihr Durchmesser abgeschätzt werden. Dieser lag tatsächlich nahe bei dem erwarteten Durchmesser der verwendeten Core-Shell-Quantenpunkte. Die Partikel schienen sich in diesen Proben vornehmlich in leeren Vesikeln der Zelle zu akkumulieren.
- Mit Hilfe von EDXS im STEM wurde ein Röntgenspektrum der Nanopartikel in der Zelle aufgenommen. Im Spektrum konnten die Peaks für Kadmium, Selen und Schwefel identifiziert werden, der Zink-Peak war jedoch nicht vom Rauschen zu trennen.

Um die Ergebnisse der STEM-Untersuchungen an den Zellproben besser deuten zu können, wurden verschiedene Chargen von Quantenpunkten, die sich durch ihre Quanteneffizienz unterschieden, auf Kupfergrids mit Kohlenstofffilmen platziert und im STEM mit den gleichen Methoden untersucht wie die Zellproben.

- Die Messung der Durchmesser der Quantenpunkte auf Kohlenstoff mit Hilfe von HAADF-STEM-Aufnahmen führte zu Werten, die mit dem der Quantenpunkte in den Zellproben vergleichbar sind. Außerdem offenbarte sich ein möglicher Zusammenhang zwischen Durchmesser und Quanteneffizienz der Quantenpunkte. Die Quantenpunkte mit höheren Durchmesser waren auch gleichzeitig die mit der höheren Quantenausbeute.
- Die EDXS-Untersuchung der Quantenpunktchargen zeigte, dass der höhere Durchmesser der quanteneffizienteren Quantenpunkte im wesentlichen auf eine dickere ZnS-Schale zurückzuführen ist, da die EDXS-Peaks für Zink und Schwefel im Vergleich zu der Charge niedriger Quanteneffizienz deutlich höher ausfielen.

Durch die Modifikationen, die im Rahmen dieser Arbeit am konventionellen Präparationsprotokoll vorgenommen wurden, konnte die Eignung des Verfahrens für korrelative Licht- und Elektronenmikroskopie verbessert werden. Es sind allerdings einige Probleme aufgetaucht, für die zum Teil bereits vielversprechende Lösungsansätze gefunden wurden.

- Statt den bisher verwendeten Kupfernetzchen könnten die Dünnschnitte auf ITO-Trägern platziert werden. Da ITO leitfähig und transparent ist, wäre es prinzipiell für CLEM geeignet, allerdings müsste die elektronenmikroskopische Abbildung dann aufgrund der Dicke des Trägermaterials statt mittels Rastertransmissionselektronenmikroskopie mit Hilfe von Rückstreuelektronen im SEM erfolgen.
- Die Probleme mit der Aclar-Folie könnten umgangen werden, indem die Zellen auf präparierten Glasträgern gezüchtet werden und direkt vom Glasträger in LR White eingebettet werden.
- Die Ursache für die fehlende Fluoreszenz der Quantenpunkte in Zellproben sollte näher untersucht werden. Insbesondere wäre es interessant, den Einfluss von Osmiumtetroxid oder LR White auf Quantenpunkte außerhalb von Zellen zu studieren.

- Falls sich die Osmiumfixierung bei der Zellpräparation als kritisch für die Fluoreszenz der Quantenpunkte herausstellt, könnte versucht werden, die Osmiumkonzentration gegenüber dem konventionellen Protokoll so zu reduzieren, dass der Membrankontrast in HAADF-STEM-Bildern ausreichend hoch ist, aber gleichzeitig die Fluoreszenz der Quantenpunkte nicht zu stark vermindert wird.

Danksagung

Ich danke Frau Prof. Gerthsen für die Bereitstellung des Themas meiner Bachelor-Arbeit und Herrn Prof. Nienhaus für die Übernahme des Korreferats.

Holger Blank möchte ich für die engagierte und kompetente Betreuung meiner Arbeit danken.

Ich danke außerdem meinen Eltern dafür, dass sie mir dieses Studium ermöglichen und meiner Freundin für ihre Geduld und ihr Verständnis.

Schließlich danke ich den Lemmingen für ihre Offenheit und Geselligkeit.

Anhang

A. Chemische Fixierung und Einbettung der Zellen

A.1. Durchführung

Die konventionelle Einbettung der Zellen folgte diesem Protokoll. Die Zusammensetzung der benutzten Chemikalien findet sich in Abschnitt A.2.

Inkubation

1. Zuschnitt der Aclar-Folie
2. Inkubation der Aclar-Folie mit Fibronektin für 1h
3. Aussähen der Zellen
4. Anwachsen der Zellen über Nacht im Inkubator
5. Partikel inkubieren für eine Stunde

Erst- und Zweitfixierung

1. vorsichtig spülen mit 1ml 0,1M PIPES pH 7
2. Erstfixierlösung in Eppendorf-Gefäße (Eppis) geben
3. Proben aus Aclar-Folie ausstechen und in Eppis geben
4. Erstfixierung über Nacht
5. 2x spülen mit 0,1M PIPES pH 7 (alternativ Lagerung über Nacht)
6. Zweitfixierung für 1h auf Eis (im Abzug)
7. 2x 15min spülen mit 0,1M PIPES pH 7 (im Abzug)
8. 2x 15min spülen mit Wasser (im Abzug)

Ethanolreihe Die folgenden Schritte wurden auf einem Schüttler im Abzug durchgeführt.

1. 2x 10min 50% Ethanol
2. 2x 10min 70% Ethanol
3. 2x 10min 95% Ethanol
4. 4x 15min 100% getrocknetes Ethanol

LR-White-Reihe Auch diese Schritte wurden auf dem Schüttler durchgeführt.

1. 1x 1h LR White in Ethanol 1:2[1]
2. 1x 1h LR White in Ethanol 1:1[1]
3. 1x 1h LR White in Ethanol 2:1[1]
4. 1x 1h LR White[2]
5. Einbetten der Proben in Gelatine-Kapseln mit LR White
6. Aushärten (24-72h bei 60°C)

A.2. Verwendete Chemikalien

Es wurde für alle Lösungen doppelt destilliertes MilliQ-Wasser benutzt.

PIPES (Sigma, Bestellnr. P757) Für 500ml 0,2M PIPES mit pH-Wert 7 mischt man 30,24g PIPES mit 300ml Wasser und etwa 150ml 1M NaOH-Lösung hinzugetropft, bis pH 7 erreicht ist. Die Lösung ist zunächst trüb und wird bei einem pH-Wert von 7 klar. Anschließend füllt man mit Wasser auf 500ml auf. Um 0,1M PIPES pH 7 zu erhalten, verdünnt man die erhaltene Lösung 1:1 mit Wasser.

Erstfixierungslösung Die Erstfixierungslösung wird aus 25ml 0,2M PIPES pH 7, 2,5ml 25% Glutaraldehyd, 5ml 20% Paraformaldehyd, 5ml NaN_3-Lösung (0,5g NaN_3 auf 50ml Wasser) und 12,5 ml Wasser hergestellt.

Zweitfixierungslösung Die Lösung, die die Zweitfixierung übernimmt, besteht aus 8 ml 0,2M PIPES pH 7; 2 ml 4% OsO_4; 4 ml 2% $K_3\,[Fe\,(CN_6)]$ und 2 ml Wasser.

Bei der osmiumfreien Präparation, von der in Abschnitt 4.1 die Rede ist, wurde das Osmiumtetroxid durch Wasser ersetzt.

LR White (Plano, Bestellnr. R1281, mittlerer Härtegrad) Bei dem Einbettharz handelt es sich um eine fertig gemischte Flüssigkeit, die bei Plano bestellt wurde.

[1] Diese Schritte wurden bei der verkürzten Einbettung in Abschnitt 4.4 ausgelassen.

[2] Bei der verkürzten Einbettung wurden die Proben danach über Nacht in frischem LR White belassen. Am nächsten Tag wurde das LR White erneut ausgewechselt und die Proben darin eingebettet.

B. Herstellen der Dünnschnitte

Beim Herstellen der Dünnschnitte wurden folgende Schritte durchgeführt. Wichtig bei der Prozedur ist, dass jederzeit die Lage der Aclar-Folie im LR-White-Block bekannt ist, damit unnötige Beschädigungen derselben vermieden werden.

Vortrimmen mit der Rasierklinge

1. Zunächst wird die Aclar-Folie im LR-White-Block ausgemacht und eine Schnittfläche für das Anfertigen der Dünnschnitte ausgewählt, die möglichst senkrecht zur Aclar-Folie liegt.
2. Der LR-White-Block wird in den Probenhalter des Mikrotoms eingespannt und mit der Rasierklinge von der Gelatinekapsel befreit.
3. Mit der Rasierklinge wird solange überschüssiges Material von der Frontseite des Blocks entfernt, bis fast die gewünschte Schnittfläche erreicht ist (vgl. Abbildung B.0.1 A). Danach wird von vier Seiten Einbettmaterial abgetragen, sodass sich schließlich grob ein Pyramidenstumpf ergibt, dessen kleinste Fläche der gewünschten Schnittfläche entspricht (siehe Abbildung B.0.1 B-E).

Feintrimmen mit dem Glasmesser

1. Das Glasmesser wird im Messerhalter des Mikrotoms befestigt.
2. Die Frontfläche wird mit dem Glasmesser durch manuelles Auf- und Abbewegen des Mikrotom-Arms nachgeschnitten, bis sie so glatt ist, dass die Reflexion des Glasmessers auf der Frontfläche des Blocks deutlich zu erkennen ist.
3. Danach werden die Seitenflächen mit dem Glasmesser solange abgetragen, bis
   a) alle Kanten der Frontfläche im Mikroskop scharf erscheinen
   b) die Kanten möglichst senkrecht aufeinander stehen und
   c) mindestens zwei der vier Kanten kürzer als 1 mm sind

Dünnschneiden mit dem Diamantmesser

1. Das Glasmesser wird durch das Diamantmesser ausgetauscht.
2. Der Trog des Diamantmessers wird mit MilliQ-Wasser gefüllt. Hierbei muss darauf geachtet werden, dass die Klinge vollständig benetzt wird. Die Wasseroberfläche sollte möglichst nicht gewölbt sein. Optimal ist die Oberfläche, wenn sie im Mikroskop in einer homogenen, silbrigen Farbe erscheint. In der Regel müssen hierfür einige Tropfen Wasser aus dem Trog entnommen werden.

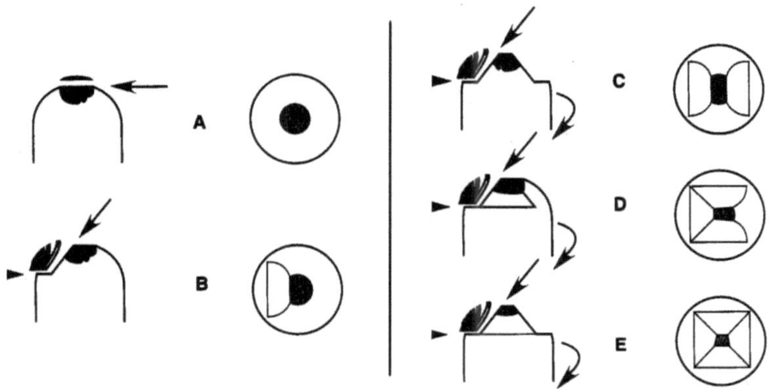

Abbildung B.0.1: *Vorgehen beim Herstellen der Pyramidenstumpfform des LR-White-Blocks beim Trimmen (modifiziert aus [4])*

3. Der LR-White-Block wird im Probenhalter so gedreht, dass die kürzeste Kante an der Frontseite parallel zur Schnittkante des Diamantmessers liegt.
4. Perfect Loop[1] und Wimper[2] werden bereitgelegt und Kupfernetzchen auf einem Filterpapier angeordnet.
5. Das Diamantmesser wird langsam an die Probe angenähert. Als Maß für den Abstand kann der Abstand zwischen der Klinge und ihrer Reflexion an der Frontseite des Blocks dienen, der bei abgeschaltetem Oberlicht im Mikroskop deutlich zu erkennen ist. Beim Annähern werden immer wieder die drei möglichen Neigungswinkel der Frontseite des Blocks gegenüber der Schnittebene korrigiert:
   a) Beim Auf- und Abbewegen des Mikrotom-Arms sollte der Abstand zwischen der Schnittkante des Messers und deren Reflexion nicht variieren. Dies kann erreicht werden, indem die Neigung des Probenhalters verstellt wird.
   b) Die Schnittkante und ihre Reflexion sollten parallel sein. Eine Korrektur erfolgt hier durch eine Änderung des Winkels, unter dem der Messerhalter sich der Probe nähert.
   c) Die Reflexion der Schnittkante sollte parallel zu der Unterkante der Frontfläche des Pyramidenstumpfs im LR-White-Block liegen. Dies erreicht man durch Rotation des Blocks um die körpereigene Achse.
6. Ist die Reflexion der Schnittkante nur noch als schmaler, sehr heller Streifen zu erkennen, kann mit dem Schneiden begonnen werden.
   a) Der Wasserstand im Trog wird nochmals kontrolliert und gegebenenfalls korrigiert.
   b) Die Start- und Stop-Position wird festgelegt.
   c) Die Schnittgeschwindigkeit (Speed) und der Vorschub (Feed) wird zunächst auf 1 $\frac{mm}{s}$ bzw. 200 nm eingestellt.

[1] Beim *Perfect Loop* handelt es sich um einen durchlöcherten Metallring, der an einem Stäbchen befestigt ist. Durch Adhäsion lassen sich damit Schnitte aus dem Wassertrog in einem Wassertropfen zum Kupfergrid transportieren.

[2] Die *Wimper* ist ein Pinsel mit bloß einem Haar.

   d) Der Schnittvorgang wird gestartet und erst wieder angehalten, wenn einige Voll-Schnitte entstanden sind.
   e) Nun erfolgt das Schneiden der Ultradünnschnitte mit der gewünschten Dicke, z. B. einem Vorschub von 70 nm.

7. Nach dem Ende des Schneidvorgangs können die Schnitte auf der Wasseroberfläche mit Hilfe der Wimper angeordnet werden.
8. Danach werden üblicherweise mehrere Schnitte auf einmal mit dem Perfect Loop eingesammelt und auf einem Kupfernetzchen wieder abgesetzt.
9. Nach einigen Minuten Trockenzeit können die Kupfernetzchen mit der Pinzette zur Lagerung in eine Gridbox gelegt werden

C. Abkürzungen

Die in der Arbeit verwendeten Abkürzungen sind hier aufgelistet.

ATP	Adenosintriphosphat
BSE	Back Scattered Electrons (Rückstreuelektronen)
CdSe	Kadmiumselenid
CLEM	Correlative Light Electron Microscopy (korrelative Licht- und Elektronenmikroskopie)
d. h.	das heißt
DNS	Desoxyribonukleinsäuren
EDXS	Energy Dispersive X-ray Spectroscopy (Energiedispersive Röntgenspektroskopie)
Eppi	Eppendorf-Gefäß
ER	Endoplasmatisches Retikulum
FWHM	Full Width at Half Maximum (Halbwertsbreite)
HAADF	High-Angle Annular Dark-Field (Großwinkel-Dunkelfeld)
ITO	Indium Tin Oxide (Indiumzinnoxid)
RNS	Ribonukleinsäuren
SEM	Scanning Electron Microscope (Rasterelektronenmikroskop)
s. o.	siehe oben
STEM	Scanning Transmission Electron Microscope (Rastertransmissionselektronenmikroskop)
vgl.	vergleiche
z. B.	zum Beispiel
ZnS	Zinksulfid

D. Formelzeichen

Hier finden sich alle in der Arbeit verwendeten Variablennamen mit den dazugehörigen Bedeutungen.

A	Massenzahl eines Atoms, Amplitude der Gaußverteilung
γ	Exponent von Kernladungszahl und Elektronenenergie in der Streuwinkelformel
$\left\lvert \frac{\mathrm{d}E}{\mathrm{d}x} \right\rvert$	mittlerer Energieverlust pro Massendicke
$\frac{\mathrm{d}\sigma_\mathrm{R}}{\mathrm{d}\Omega}$	unabgeschirmter differentieller Rutherford-Streuquerschnitt
$\frac{\mathrm{d}\sigma_\mathrm{R,a}}{\mathrm{d}\Omega}$	abgeschirmter differentieller Rutherford-Streuquerschnitt
$\mathrm{d}\Omega$	Raumwinkelelement
ΔE	Energieverlust bei inelastischer Streuung, Energiedifferenz zweier Schalen im Atom
E	Energie des Primärelektronenstrahls
E_I	Ionisationsenergie
E_kin	kinetische Energie
FWHM	Halbwertsbreite der Gaußverteilung
ϑ	Streuwinkel der Elektronen
ϑ_0	charakteristischer Winkel
$\langle \vartheta^2 \rangle$	mittlerer quadratischer Streuwinkel des Elektronenstrahls
I	mittleres Ionisationspotential
I_0	Intensität des einfallenden Elektronenstrahls
$I(\vartheta)$	Intensität des gestreuten Elektronenstrahls unter Streuwinkel ϑ
Λ	mittlere freie Weglänge
λ	de-Broglie-Wellenlänge der Elektronen
μ	Mittelwert der Gaußverteilung
ν	Frequenz eines Photons
$N(\vartheta)\,\mathrm{d}\Omega$	Winkelverteilung bei der Elektronenstreuung
R	Abschirmlänge eines Atoms
r	Abstand
σ	Standardabweichung der Gaußverteilung
σ_el	elastischer Wirkungsquerschnitt
σ_inel	inelastischer Wirkungsquerschnitt
σ_tot	totaler Wirkungsquerschnitt
v	Elektronengeschwindigkeit
$V(r)$	abstandsabhängiges Potential
Z	Kernladungszahl

E. Naturkonstanten

Die in der Arbeit vorkommenden Naturkonstanten finden sich in folgender Auflistung.

a_0	Bohrscher Radius	$5{,}291772 \cdot 10^{-11}$ m
e	Elementarladung	$1{,}602176 \cdot 10^{-19}$ C
ε_0	Vakuum-Permittivität	$8{,}854188 \cdot 10^{-12} \frac{\mathrm{As}}{\mathrm{Vm}}$
h	Plancksches Wirkungsquantum	$6{,}626069 \cdot 10^{-34}$ Js
m	Elektronenmasse	$9{,}109383 \cdot 10^{-31}$ kg

Abbildungsverzeichnis

Literaturverzeichnis

[1] ADAMS, Birgit: *Nanopartikel in Zellen*, Center for Functional Nanostructures (CFN), Karlsruher Institut für Technologie (KIT), Bachelor-Arbeit, 2011

[2] BETHE, Hans: Zur Theorie des Durchgangs schneller Korpuskularstrahlen durch Materie. In: *Annalen der Physik* 3 (1930), Nr. 397

[3] BLEIMUND, Felix: *Abbildung von Nanopartikeln in Zellen mit Niederenergie-Rastertransmissionselektronenmikroskopie*, Laboratorium für Elektronenmikroskopie (LEM), Karlsruher Institut für Technologie (KIT), Diplomarbeit, Dezember 2010

[4] BOZZOLA, John J. ; RUSSELL, Lonnie D.: *Electron Microscopy - Principles and Techniques for Biologists*. Second Edition. Sudburry, Massachusetts : Jones and Bartlett, 1998

[5] BROWN, Edward ; VERKADE, Paul: The use of markers for correlative light electron microscopy. In: *Protoplasma* 244 (2010), Nr. 1-4, S. 91–7

[6] COSSLETT, V E. ; THOMAS, R N.: Multiple scattering of 5-30 keV electrons in evaporated metal films: I. Total transmission and angular distribution. In: *British Journal of Applied Physics* 15 (2002), Nr. 8, S. 883

[7] CZICHOS, Horst (Hrsg.) ; SAITO, Tetsuya (Hrsg.) ; SMITH, Leslie (Hrsg.): *Springer Handbook of Materials Measurement Methods*. Springer Science+Business Media, Inc., 2006

[8] GIEPMANS, Ben N. G. ; DEERINCK, Thomas J. ; SMARR, Benjamin L. ; JONES, Ying Z. ; ELLISMAN, Mark H.: Correlated light and electron microscopic imaging of multiple endogenous proteins using Quantum dots. In: *Nat. Methods* 2 (2005), Nr. 10, S. 743–9

[9] GOODSELL, David S.: *Wie Zellen funktionieren - Wirtschaft und Produktion in der molekularen Welt*. 2. Auflage. Heidelberg : Spektrum Akademischer Verlag, 2010

[10] GRAW, Jochen: *Genetik*. 5., vollständig überarbeitete Auflage. Springer-Verlag, 2010

[11] GRESSLER, S. ; NENTWICH, M. ; SIMKÓ, M. ; GAZSÓ, A. ; FIEDELER, U.: Nano-Konsumprodukte in Österreich. In: *NanoTrust Dossiers* (2009), Nr. 009. `http://epub.oeaw.ac.at/ita/nanotrust-dossiers/dossier009.pdf`

[12] HANSON, Hugo H. ; REILLY, James E. ; LEE, Rebecca ; JANSSEN, William G. ; PHILLIPS, Greg R.: Streamlined embedding of cell monolayers on gridded glass-bottom imaging dishes for correlative light and electron microscopy. In: *Microsc. Microanal.* 16 (2010), Nr. 6, S. 747–54

[13] HEYES, Colin D. ; KOBITSKI, Andrei Y. ; BREUS, Vladimir V. ; NIENHAUS, G. Ulrich: Effect of the shell on the blinking statistics of core-shell quantum dots: A single-particle fluorescence study. In: *Physical Review B* 75 (2007), Nr. 125431

[14] HONDOW, Nicole ; HARRINGTON, John ; BRYDSON, Rik ; DOAK, Shareen H. ; SINGH, Neenu ; MANSHIAN, Bella ; BROWN, Andy: STEM mode in the SEM: A practical tool for nanotoxicology. In: *Nanotoxicology* (2010)

[15] HONEYWELL: *ACLAR® Copolymer Films Material Safety Data Sheet*. `http://www51.honeywell.com/sm/aclar/common/documents/PP_Aclar_copolyme%r_films.pdf`. Version: 2009

[16] HUSSAIN, S M. ; HESS, K L. ; GEARHART, J M. ; GEISS, K T. ; SCHLAGER, J J.: In vitro toxicity of nanoparticles in BRL 3A rat liver cells. In: *Toxicol In Vitro* 19 (2005), Nr. 7, S. 975–83

[17] NEL, Andre ; XIA, Tian ; MÄDLER, Lutz ; LI, Ning: Toxic potential of materials at the nanolevel. In: *Science* 311 (2006), Nr. 5761, S. 622–7

[18] PROSCITECH: *LR White resin Material Safety Data Sheet*. `http://www.proscitech.com.au/cataloguex/msds/c024.pdf`. Version: 2011

[19] REIMER, Ludwig ; HAWKES, Peter W. (Hrsg.): *Springer Series in Optical Sciences*. Bd. 45: *Scanning Electron Microscopy - Physics of Image Formation and Microanalysis*. Second Completely Revised and Updated Edition. Springer-Verlag, 1998

[20] REIMER, Ludwig ; PFEFFERKORN, Gerhard: *Raster-Elektronenmikroskopie*. 2. Auflage. Berlin : Springer-Verlag, 1977

[21] RUBAHN, Horst-Günter: *Nanophysik und Nanotechnologie*. 2., überarbeitete Auflage. B.G. Teubner Verlag, 2004

[22] RUIZ, Mariana: *Animal Cell Structure*. `http://commons.wikimedia.org/wiki/File:Animal_cell_structure_de.svg`. Version: 2006

[23] SEBESSE, Hartmut: *Scheme-4PiMicroscope*. `http://commons.wikimedia.org/wiki/File:Scheme-4PiMicroscope.jpg`. – Diese Grafik steht unter der CreativeCommons-Lizenz CC BY-SA 3.0, abrufbar unter http://creativecommons.org/licenses/by-sa/3.0/deed.de

[24] TENOFALLTRADES: *HeLa cells stained with Hoechst 33258*. `http://commons.wikimedia.org/wiki/File:HeLa_cells_stained_with_Hoechst%_33258.jpg`. Version: 2007

[25] VOLKENANDT, Tobias: *Quantitative Zusammensetzungsanalyse von InGaAs/GaAs Heterostrukturen mittels Rastertransmissionselektronenmikroskopie bei niedriger Elektronenenergie*, Laboratorium für Elektronenmikroskopie (LEM), Karlsruher Institut für Technologie (KIT), Diplomarbeit, 2009

[26] ZIEL, Rainer: *Atom model for EDX*. `http://commons.wikimedia.org/wiki/File:Atom_model_for_EDX_DE.svg`. Version: 2008. – Diese Grafik steht unter der CreativeCommons-Lizenz CC BY-SA 3.0, abrufbar unter http://creativecommons.org/licenses/by-sa/3.0/deed.de